ERLEBNISBUCH IGEL

Stacheliger Besuch im Naturgarten

Die Website zum Buch:
http://igel.cadmos.de

LANDLEBEN

Haftungsausschluss

Autor und Verlag haben den Inhalt dieses Buches mit großer Sorgfalt und nach bestem Wissen und Gewissen zusammengestellt. Für eventuelle Schäden an Mensch und Tier, die als Folge von Handlungen und/oder gefassten Beschlüssen aufgrund der gegebenen Informationen entstehen, kann dennoch keine Haftung übernommen werden.

Gender-Erklärung

Aus Gründen der besseren Lesbarkeit verzichten wir im Cadmos-Verlag auf die gleichzeitige Verwendung der Sprachformen männlich, weiblich und divers (m/w/d) und wählen jeweils die männliche oder weibliche Form von personenbezogenen Hauptwörtern. Dies soll jedoch keinesfalls eine Geschlechterdiskriminierung oder eine Verletzung des Gleichheitsgrundsatzes zum Ausdruck bringen. Frauen, Männer und Diverse mögen sich von den Inhalten unserer Publikationen gleichermaßen angesprochen fühlen.

Impressum

LANDLEBEN im CADMOS Verlag

unveränderter Nachdruck 2022

Covergestaltung, grafisches Konzept und Satz: Gerlinde Gröll, www.cadmos.de

Coverfoto: Shutterstock/Coatesy
Fotos Umschlagrückseite: Shutterstock/Coatesy, WildMedia; AdobeStock/Anney
Wiederkehrende Illustrationen: Shutterstock/greenpic.studio

Lektorat: Dr. Martina Bergmann, Christine Weidenweber

Druck: www.graspo.com

Deutsche Nationalbibliothek – CIP-Einheitsaufnahme

Die Deutsche Nationalbibliothek verzeichnet diese Publikation in der Deutschen Nationalbibliografie; detaillierte bibliografische Daten sind im Internet über http://dnb.ddb.de abrufbar.

Printed in EU

ISBN: 978-3-8404-3062-6

CHRISTINE WEIDENWEBER

ERLEBNISBUCH IGEL

Stacheliger Besuch im Naturgarten

LANDLEBEN

Foto: Shutterstock/Jussi Suvela

VORWORT

LASS DICH VOM IGEL INSPIRIEREN

Ein stacheliger Po wackelt in der Dämmerung durch den Garten, dann raschelt es zwischen den Sträuchern und nichts ist mehr zu sehen – solche Momente sind einfach wunderbar. Igel zählen zu den liebenswertesten Besuchern, Gärten, die sie aufsuchen, müssen hohen naturnahen Ansprüchen genügen, und das wiederum freut jeden Gartenbesitzer. Es ist sozusagen eine Auszeichnung, wenn ein Igel sich im Garten wohlfühlt.

Wir können einiges dafür tun, dass Igel Nahrung, Unterschlupf, Nester und Überwinterungsmöglichkeiten finden, indem wir Natur in unseren Gärten zulassen, wilden Ecken eine Chance geben und synthetische Dünger und Spritzmittel verbannen, damit sich ein einigermaßen stabiles ökologisches Gleichgewicht zwischen Nützlingen und den aus unserer Sicht schädlichen Lebewesen einstellen kann. Auch füttern ist in bestimmten Situationen wichtig, allerdings mit den richtigen Zutaten und artgerecht.

Als Garten-Haustier dürfen wir den Igel aber nicht betrachten, er ist ein Wildtier und braucht Freiheit. Wenn allerdings ein verletztes oder abgemagertes Tier im Garten auftaucht, ein Nest mit Igeljungen entdeckt wird oder der Mähroboter einen Igel erfasst hat – dann ist unsere Hilfe gefragt. An dieser Stelle gebührt ein großes Lob all den Igelstationen, Igelhilfen und dem Igelschutz. Sie sind Anlaufstellen, wenn Rat rund um Igel gebraucht wird, sie nehmen Igel auf, pflegen, reinigen, entwurmen sie, bieten ihnen einen Winterschlafplatz und helfen Igelbabys zu überleben. Das ist einfach großartig.

Ganz viel nützliches Wissen zum Stachelritter – das bekommst du in diesem Buch, dazu Tipps, wie du deinen Garten „igelfit" machst und wie du Igeln helfen kannst. Und wenn sich mal kein Igel blicken lässt, kannst du und die ganze Familie Futterhäuschen bauen, Igel-Kreuzworträtsel lösen und Lückentexte ausfüllen – viel Spaß dabei …

wünschen

Christine Weidenweber
+ Bruno, der Igel

INHALT

... und es sind
sooooo tolle
Fotos drin ...

... jetzt aber flott
weitergeblättert und
ab in den Lesespaß ...

Foto: Shutterstock/Colin Seddon

1

LIEBLINGS-WILDTIER: IGEL

Kleine, große Igelwelt

Ganz schön faszinierend so ein Igel: Das Stachelkleid ist ein wahres Wunderwerk und ein Bollwerk gegen Angreifer, Geruchssinn und Gehör sind richtig gut ausgeprägt. Und es gibt noch viel mehr, was du über den Igel erfahren kannst. Geh doch mal auf Igel-Erkundungssuche.

Im Sprachgebrauch heißt er nur: der Igel. Dabei ist das eigentlich sein Familienname. Ganz korrekt lebt bei uns in Deutschland beziehungsweise in West- und Mitteleuropa der Braunbrustigel. An stacheliger und auch haariger Verwandtschaft mangelt es nicht, aber die lebt zumeist weiter weg, also auf anderen Erdteilen, z.B. in Asien. Wenn du mehr darüber erfahren möchtest, lies das Kapitel „Stachelige Verwandtschaft" auf Seite 20 und 21.

Aber was bedeutet eigentlich das Wort Igel, wieso haben Menschen vor vielen Jahrhunderten dem Tier diesen Namen gegeben? Abgeleitet wird „Igel" vom griechischen Wort échis, was so viel bedeutet wie Schlange oder auch Schlangenfresser. Und so weist der Name Igel auf eine seiner Lieblingsspeisen hin: Schlangen, natürlich eher die kleineren.

Mach dich schlau!

Damit Wissenschaftler auf der ganzen Welt wissen, um welches Tier es sich handelt, bekommen die Arten wissenschaftliche Namen. Der Braunbrustigel heißt *Erinaceus europaeus*, und das ist vergleichbar mit unseren Vor- und Nachnamen. Dann gibt es noch den Nördlichen Weißbrustigel, der aber eher im östlichen Mitteleuropa zuhause ist. Sein Name: *Erinaceus roumanicus.*

Igel-Taktik

Eigentlich ist die Geschichte der Igelfamilie eine echte Erfolgsstory. Igel zählen nämlich zu den ältesten Säugetieren der Welt, sie sind fast schon eine Art „Urtiere", denn Vorfahren von ihnen lebten bereits vor 60 Millionen Jahren auf der Erde. Die hatten übrigens lange Beine, nicht so kurze wie heutige Arten, mit denen sie im Galopp vor Gefahren flüchten konnten.

Aus diesen Vorfahren hat sich dann der Braunbrustigel mit seinen wehrhaften Stacheln entwickelt, und das vor ca. 15 Millionen Jahren. Sein Aussehen hat er seitdem nicht mehr bedeutend verändert und das ist wohl einzigartig unter den heimischen Säugetieren. Seine Taktik oder besser gesagt die Überlebensstrategie scheint aufzugehen: Die wehrhaften Stacheln schützen ihn vor Angreifern und Gefahren. Wenn's brenzlig wird, rollen Igel sich zu stacheligen Kugeln zusammen, an denen fast jeder Angreifer scheitert. Und wenn es im Winter nicht mehr genügend Nahrung gibt, dann geht's ab in den Winterschlaf. Außerdem ist das Stacheltier ein echter Morgenmuffel und verschläft überhaupt den ganzen Tag – nachtaktiv sagen Fachleute zu dieser Lebensweise. Erst abends wird er munter und geht auf die Jagd nach

Fotos: Shutterstock/Reinhard Fürstberger und Vilgun (kleines Bild)

Igel hören sehr gut. Sie nehmen sogar wahr, was sich unter der Erde tut.

Nahrung. Gut sehen muss er da nicht, und deshalb ist der Sehsinn auch nur wenig ausgeprägt, hören und riechen kann er dafür umso besser.

Wo Igel leben und sich wohlfühlen

Dass heutzutage immer mehr Igel sich in Gärten und Parks zuhause fühlen und auch in Städten beheimatet sind, also in sogenannten Siedlungsräumen, das hat die Entwicklung der letzten Jahrzehnte bzw. des letzten Jahrhunderts mit sich gebracht.

Früher lebten die Tiere in weitreichenden und zusammenhängenden Heckenlandschaften, wo es viele Gebüsche zum Verstecken gibt, am Rand von Laub- und Mischwäldern und auch in Wiesenbereichen. Das tun sie heute auch noch, aber die großen Landschaften schrumpfen immer mehr zusammen, Straßenbau zerstückelt die Reviere der Igel, es wird stetig gebaut, sodass Grünflächen verloren gehen und auch die Felder von früher, von Hecken unterbrochen und eingebettet zwischen Wiesen, sehen heute anders aus. Damit Landwirte besser arbeiten können, wurden kleine Felder zu größeren zusammengelegt, Heckenstreifen gingen da natürlich verloren.

Unsere Landschaft hat sich verändert und die Igel haben sich angepasst. In Gärten, Parks und ganz allgemein in der Nähe von menschlichen Siedlungen gibt es viele Nahrungsquellen. In Dörfern und naturnahen Gärten können Steinhaufen und Holzstapel, Laub- und Reisighaufen Unterschlupf bieten.

Und dann gibt es ja auch noch die städtische Verwandtschaft: Urbane Igel haben ihre Nester oft ganz nah bei uns Menschen, z.B. in Gebüschen an Hauswänden oder unter Abdeckungen. Meistens bemerken wir sie gar nicht. Vor allem Igelmännchen sind übrigens ziemlich unternehmungslustig, ihr Revier kann bis zu 100 Hektar groß sein. Die Weibchen sind nicht ganz so reisewillig, sie sind in einer Umgebung von maximal 30 Hektar unterwegs. Wenn wirklich viel Platz zur Verfügung steht, dann sind Igel Einzelgänger und treffen sich nur zur Paarungszeit; in menschlichen Siedlungen kommen sie aber auch mit 1000 Quadratmeter aus und leben dann enger mit ihren Artgenossen zusammen.

WUSSTEST DU …

dass es Tiere und Pflanzen gibt, die man Kulturfolger nennt? Sie leben in der Nähe von uns Menschen, in und an Häusern in Gärten und Parks, weil sie hier die annehmbarsten Lebensbedingungen finden. Igel sind auch Kulturfolger.

Foto: Shutterstock/webexx

Ohrwurmquartier am Obstbaum - die Tiere fressen Blattäuse.

Igel brauchen unsere Hilfe

Obwohl sie gar nicht so wild rüberkommen – Igel sind Wildtiere und sie lieben ihre Freiheit. Allerdings wird die immer mehr eingeschränkt, weil die Lebensräume und Reviere der Tiere kleiner werden. Igel stehen zwar nicht auf der Roten Liste der gefährdeten Tiere, in manchen Bundesländern, z.B. in Bayern, sind sie aber in die Vorwarnliste aufgenommen worden. Igel brauchen also unsere Hilfe, damit sie auch weiterhin bei uns leben und überleben können, allerdings in anderer Form, als du vielleicht denkst.

Foto: Shutterstock/Tomasz Majchrowicz

Liegt der Gartenzaun fast am Boden auf, können Igel stecken bleiben. Also immer etwas Platz lassen, als Durchschlupf.

WUSSTEST DU ...

.., dass der Igelschutz sogar gesetzlich geregelt ist? Igel sind laut Artenschutz besonders geschützte Tiere, die nicht gefangen werden dürfen. Man darf aber verletzten und kranken Tieren helfen und sie auch gesund pflegen. Danach müssen sie aber wieder in die Freiheit entlassen werden.

So kannst du helfen:

- Gestalte den Garten naturnah und mach ihn igelfit (siehe ab Seite 57).
- Mach in den Abend- und Nachtstunden nicht so viel Lärm, damit Igel ihre Nahrung hören können.
- Engagiere dich im Umweltschutz, damit die Rückzugsgebiete der Igel erhalten bleiben und die Nahrungsgrundlage der Igel nicht weiter schwindet.
- Biete deine Hilfe bei einer Igelstation an (siehe Seite 87).
- Informiere dich über die Ernährung der Igel und füttere richtig, wenn ein hungriger Igel im Garten auftaucht (siehe ab Seite 29).
- Wenn Baumaßnahmen anstehen, erst einmal das Gelände nach Igeln absuchen.
- Im Stadtpark toben macht Laune, aber in Schutzgebieten darf man nicht herumlaufen, das stört die Igel.

Unternimm mal was! Ob mit Familie, mit Freunden oder allein – schau dich mal in deiner Nachbarschaft um, ob es sich für einen Igel lohnen könnte, sich in deiner Nähe „niederzulassen". Ist es in deiner Umgebung igelfreundlich?

Bestimmungshilfe: Spurennachweis Igel

Igel haben sowohl an Vorder- als auch an Hinterfüßen fünf Zehen.
Achtung! Der Daumenabdruck (d.h. die innerste Zehe) ist nicht immer zu sehen.
Größe des Fußes: etwa 28 mm breit und 25 mm lang.

Igelspuren in feuchter Erde

Foto: James Lindsey at Ecology of Commanster, CC BY-SA 3.0

Hinterfüße eines jungen Braunbrustigels

Foto: Jürgen Howaldt, CC BY-SA 2.0

Quelle: igelimgarten@boku.ac.at/ Institut für Integrative Naturforschung, Universität für Bodenkultur Wien, Silvia Winter, Christina Plenk

Foto: Karin Unzeitig

Auf seine Ohren kann sich der Igel am besten verlassen. Er hört mehr als Menschen.

Von Kopf bis Fuß – ein Igelporträt

Na klar, so einen Igel erkennt jedes Kind: Knopfaugen, Stachelkleid, Stupsnase. Aber es gibt noch viel mehr über die Spießgesellen zu entdecken, die durch Garten, Park, Wald und Flur trappeln. Deshalb folgt jetzt eine kleine Igel-Anatomie.

Fangen wir doch einfach von vorne an und mit einer Frage, die ziemlich interessant ist: Werden Braunbrustigel mit Stacheln geboren und wie funktioniert das dann? Igelbabys sehen bei der Geburt ein bisschen aus wie nackte Mäuschen. Der Rücken ist angeschwollen und die ersten Stacheln noch versteckt, sie können die Igelmutter also nicht pieksen, wenn sie ihre Kinder zur Welt bringt. 1–2 Tage nach der Geburt schieben sich dann etwa 100 weiche, weiße Stacheln aus der Haut. Einige Tage später fallen diese Stacheln auch schon wieder aus und die richtigen Stacheln – an der Spitze weiß, in der Mitte braun-beige-schwarz, am Hautansatz hell – wachsen nach.

Wenn die Igeljungen nach ungefähr drei Wochen das Nest verlassen, haben sie schon 3000 Stacheln und je älter sie werden, umso mehr bilden sich – bis zu 9000 können es sein. Außerdem werden sie mit zunehmendem Alter spitzer und fester. Abgesehen von den Stacheln sind Igel, vor allem an den Flanken, struppig behaart.

Foto: Karin Unzeitig

Besser geschützt geht eigentlich nicht.

Wunderwerk Igelkugel

Wenn es brenzlig wird und Gefahr droht oder so ein kleiner Stachelritter berührt wird, dann passiert etwas ganz Faszinierendes: Rund um den Rücken verläuft ein kräftiger Muskelring, der sich blitzartig zusammenzieht und in Sekundenschnelle die sonst flach aufliegenden Stacheln aufrichtet. So entsteht die wehrhafte Stachelkugel.

Mit elf Tagen können sich Igelkinder übrigens auch schon einrollen wie die Großen.

Äußerlichkeiten

Auf den ersten Blick wirkt ein Igel eher plump, wahrscheinlich weil das Haarkleid an den Seiten die Beine verdeckt. Plump, behäbig und langsam sind Igel aber gar nicht. Je nach Situation bewegen sie sich zwar auch mal kriechend und geduckt, wenn die recht langen Beine aber ausgestreckt sind, können sie beispielsweise bei der Nahrungssuche richtig schnell sein. Das klappt auch deshalb gut, weil die Hinterfüße verlängert sind und dadurch für mehr Antrieb sorgen.

WUSSTEST DU …

dass Stacheln nachwachsen können? Sie sind hohl, bis zu 3 cm lang und 2 mm dick. Wenn sie abbrechen, bilden sich wieder neue.

Mach dich schlau!

Forscher haben einmal gemessen, wie schnell Igel sein können. Sie schaffen bis zu 5 Kilometer in der Stunde und sind dann etwa so schnell wie ein Spaziergänger.

Foto: Shutterstock/Elala

IGELFORSCHER-QUIZ

Trage die Beschreibungen in die richtigen Felder ein –

- Knopfaugen
- Recht lange Beine
- Kurzer Schwanz
- Spitze, sehr bewegliche Schnauze
- Tasthaare an der Schnauze
- Hohle, feste und zugleich biegsame Stacheln
- Kleine, runde Ohren

Auf einen Blick

Länge	25–30 cm
Gewicht	800–1500 g
Beinlänge	10–15 cm
Zehen	je fünf an Vorder- und Hintergliedmaßen, mit feinen Krallen versehen
Augen	schwarz, glänzend, kugelig
Ohren	klein, kurz und breit
Schnauze	spitz und sehr beweglich
Schwanz	2–3 cm lang
Äußere Geschlechtsmerkmale	beim Männchen befindet sich in der Mitte des Bauches eine Art Knopf. Das ist die Penisöffnung; beim Weibchen liegt die Scheide knapp vor dem After.

Kraftvoll zubeißen

Igel sind Säugetiere, genau wie wir Menschen, und da lässt sich das eine oder andere Merkmal durchaus vergleichen. Igelkinder haben tatsächlich auch Milchzähne, die allerdings schon nach ein paar Monaten wieder ausfallen. Die zweiten Zähne sind nach etwa einem Jahr komplett entwickelt. Im Vergleich zum Menschen haben sie mehr Zähne, nämlich 36, Menschen haben nur 32 Zähne.

Sehen, hören, riechen

Die Knopfaugen eines Igels zählen zu den Merkmalen, die wir ziemlich süß finden, so gut wie bei anderen Tieren oder auch bei Menschen funktionieren sie aber nicht. Der Sehsinn spielt eher eine untergeordnete Rolle, ob Igel Farben unterscheiden können ist noch gar nicht ganz geklärt. Weil Igel aber normalerweise den ganzen Tag verschlafen und erst in der Abenddämmerung aktiv werden, ist das gar nicht weiter schlimm. Die nachtaktiven Tiere brauchen vielmehr ihre Ohren und die Nase, um Beute, Feinde oder auch Artgenossen wahrzunehmen.

Das ist gerade beim Hörsinn kaum zu glauben, die Ohren sind ja recht klein und kaum sichtbar. Umso erstaunlicher ist es, dass Igel besser hören als wir Menschen; sie nehmen sogar Töne im Ultraschallbereich wahr. Das kommt den Igeln natürlich zugute und macht den schlechten Sehsinn mehr als wett: Sie hören die hohen Töne von Insekten, nicht nur über der Erdoberfläche, sondern auch unter der Erde und können sie dadurch aufspüren.

Schmecken können Igel auch richtig gut und riechen. Eigentlich sind sie ständig am Schnüffeln und das geschieht ziemlich lautstark.

KLEINES IGEL-QUIZ

1. Wie viele Stacheln haben ausgewachsene Igel?

....

2. Wie groß sind die Reviere der Igelmännchen?

....

3. Wie viele Zähne haben Igel?

....

4. Welche Sinne sind beim Igel am besten ausgebildet?

....

....

5. Was ist ein Igel-Karussell?

....

....

6. Welche Igelart lebt in Deutschland?

....

....

Foto: Okapia

Bei der Nahrungssuche wird ständig geschnüffelt und zwar laut hörbar.

Foto: Shutterstock/Günter Manaus

Igeldamen wollen erstmal umworben werden.

Wie sich Igel fortpflanzen

Wenn es im Garten faucht und schnaubt, dann könnte gerade ein Igelmännchen lautstark um die Gunst eines Weibchens bemüht sein. Paarungszeit der Igel ist vor allem zwischen Juni und August, die Männchen legen sich dann so richtig ins Zeug. Sie umkreisen die Weibchen stundenlang, mitunter sogar nächtelang und geben sich dabei wirklich alle Mühe. Erst sind die Igeldamen noch zurückhaltend und abweisend, stellen die Stacheln auf und knurren, aber irgendwann lassen sie sich dann doch erweichen und willigen in das Liebensspiel ein.

Und jetzt? Trautes Heim, gemeinsame Aufzucht der Jungen? Nein, so funktioniert das bei Igeln nicht. Ist der Spaß vorbei, zieht das Igelmännchen seiner Wege und die Igelin ist auf sich selbst gestellt. Sie zieht sich in ihr Nest zurück und bringt nach etwa fünf Wochen die Jungen zur Welt, meistens 4–5 kleine Igelbabys.

Zwei Wochen nach der Geburt können sie sehen, hören und die Zähne sprießen. Und dann geht die Krabbelei auch schon los und die Kleinen dürfen mit der Mutter auf Nahrungssuche gehen.

WUSSTEST DU …

dass das Liebesspiel der Igel auch Igelkarussell genannt wird? Es heißt so, weil das Igelmännchen seine Angebetete stundenlang umkreist, bis er endlich erhört wird.

Schützendes Igelnest

Für den Winterschlaf (siehe Seite 50 und 51) reicht Igeln ein schön aufgetürmter, wärmender Laubhaufen, für Igelmütter ist so eine Unterkunft aber zu unsicher. Sie suchen sich Dornengestrüpp und bauen dazwischen ihr Nest aus Blättern. So sind Mutter und Kinder gut vor Feinden wie Dachs, Fuchs und auch vor Hunden geschützt.

Foto: Shutterstock/Sandor Gora

Mit angelegten Stacheln klappt das mit dem Igelsex.

Stachelige (und haarige) Verwandtschaft

Igel leben in vielen Teilen der Welt, nur in Amerika kommen sie nicht vor. Sie zählen allesamt zu den sogenannten Insektenfressern und werden in der Gruppe der „Eigentlichen Igel" zusammengefasst. Und innerhalb dieser Gruppe unterteilen die Wissenschaftler die Igel nochmal in „Haarigel" und „Stacheligel". Manche Arten sehen unserem Braunbrustigel schon ähnlich, anderen sieht man das Verwandtschaftsverhältnis aber gar nicht an.

Äthiopischer Igel (1): Kleiner Igel, große Ohren und unbestachelter Mittelscheitel, das sind die Hauptmerkmale des Äthiopischen oder Ägyptischen Igels, der auch als Afrikanischer Wüstenigel bekannt ist. Er lebt in verschiedenen Gebieten im nördlichen Afrika und auf der Arabischen Halbinsel, Steinwüsten und trockene Steppen sind seine Lebensräume.

Weißbauchigel (2): Genau genommen heißt er Afrikanischer Weißbauchigel, weil er in Afrika beheimatet ist. Logisch, dass er es lieber warm mag und feuchte Gebiete nicht so sein Ding ist. Wie der Braunbrustigel kommt der Weißbauchigel häufig auch in Gärten vor und auf landwirtschaftlichen Flächen.

1

Foto: Shutterstock/Ishor Gurung

2

Foto: Shutterstock/Henrique Lima BR

Foto: Shutterstock/Kefca

WUSSTEST DU …

dass der Weißbauchigel in Zoohandlungen als Haustier angeboten wird? Die kleinen Stachelritter sind süß, aber die Haltung ist gar nicht so einfach, wie das propagiert wird. Ob es wirklich sinnvoll ist, Weißbauchigel zuhause zu halten, ist sehr umstritten.

Foto: Shutterstock/Muhamad Mizan bin Ngateni

Langohrigel (3): Der Name ist Programm beim Langohrigel, die Ohren sind halb so lang wie der gesamte Kopf. Langohrigel kommen z.B. in der östlichen Mittelmeerregion vor, in Ägypten und auch in Teilen Asiens, sie mögen es warm und trocken.

Kurzschwanz-Rattenigel (4): Wie kann es anders sein, dieser kleine Igel zählt zu den Haarigeln, kein einziger Stachel wächst auf seinem Rücken. Er scheint eher mit der Spitzmaus verwandt zu sein, wäre da nicht der kurze Schwanz. Seine Heimat ist Südostasien, feuchte Wälder in den Bergen mit dichtem Unterholz sind seine Territorien. Sehr viel weiß man über den Igel aber nicht, er kann sich wohl recht gut verstecken.

Foto: Shutterstock/Hanjo Hellmann

2

YUMMIIIIIEEE ... DAS SCHMECKT IGELN

Natürlich lecker – was Igel normalerweise fressen

Insekten aller Art stehen ganz oben auf dem Igel-Speisezettel, gegen Regenwürmer und Spinnen haben die Wildtiere auch nichts einzuwenden. Igel brauchen eiweiß- und fettreiches Futter, damit sie gut durchs Jahr und vor allem über den Winter kommen.

Hunger? Was gibt der Kühlschrank und die Speisekammer denn her? – Das fragen wir uns manchmal und wählen dann aus, was gerade vorhanden ist. Ganz so einfach haben Igel das zwar nicht, aber wir können uns die Nahrungssuche ähnlich vorstellen: Sie fressen, was in ihrem Revier vorkommt und das ist abhängig von der Jahreszeit und variiert manchmal auch von Tag zu Tag oder besser gesagt von Nacht zu Nacht, denn die Jagd der Stachelritter beginnt in der Abenddämmerung. Wenn es viel regnet, dann sind mehr Schnecken unterwegs, an warmen Sommertagen besteht die Hauptmahlzeit aus Insekten.

Auf dem Speiseplan der Insektenfresser stehen Käfer, Regenwürmer, Ohrwürmer, Tausendfüßer, Insektenlarven, Spinnen, Schnecken, Schmetterlinge, Falter, Asseln, Ameisen, Bienen, Wespen und was da sonst noch so kreucht und fleucht; ausgewachsene Tiere werden genauso verspeist wie Larven und Puppen. Manchmal machen sich Igel auch an Eier von bodenbrütenden Vögeln oder fressen Aas, also die übrig gebliebenen Teile toter Mäuse, Vögel, Frösche oder Fische. Weiche Speisen sind dabei definitiv die erste Wahl, es werden aber auch harte Insektenpanzer geknackt.

Ein Igel, der etwa 700 Gramm wiegt, muss übrigens täglich ungefähr 140 Kilokalorien zu sich nehmen, das sind ungefähr 90 Gramm an Spinnen, Tausendfüßer, Insekten und anderen Leckereien. Weil der Magen eines Igels aber gar nicht sehr groß ist, frisst er in Etappen, also mindestens zweimal in der Nacht und legt zwischendurch eine Verdauungspause ein.

IGELWISSEN von Dr. Stephan Dreyer

Woher weiß man eigentlich, was Igel so fressen? Gute Frage! Immerhin sind Igel nachtaktiv und in der Dämmerung und Finsternis nur schwer auszumachen. Außerdem sind sie ziemlich schnell unterwegs und ihre Beute ja auch nicht gerade riesig. Bereits 1814 wurde der europäische Igel schon wissenschaftlich beschrieben. Damals war man nicht zimperlich in Sachen Sektion und Obduktion; man hat einfach den Eingeweide-Inhalt untersucht und daraus ermittelt, was Igel so verspeisen.

Mach dich schlau!

Wusstest du, dass zur Gruppe der Insektenfresser meistens kleine Säugetiere zählen? Der Braunbrustigel ist einer der größten Vertreter aus dieser Gruppe.

Nahrungs-Teststrategie

Überall, wo es was zu fressen geben könnte, sind Igel in der Dämmerung und nachts unterwegs. Eigentlich sind sie immer, wenn sie umherlaufen, auch auf Nahrungssuche. Schnüffeln und Schmatzen gehört dazu, dann wird die Beute aus der Erde gebuddelt, zwischen Sträuchern und aus dem Unterholz geholt oder fliegende Insekten schnabuliert.

Da stellt sich natürlich die Frage, wie Igel das eigentlich machen mit dem Auswahlsystem, denn immerhin ist der Sehsinn ziemlich schlecht ausgebildet, dafür aber Geruch und Gehör sehr gut. Wenn einem Igel also etwas vor die Schnauze oder Nase kommt, das er gar nicht kennt, aber das vielleicht gut riecht, dann muss er einen Qualitätscheck machen und der gelingt mithilfe des Jacobsonschen Organs: Das vermeintliche Nahrungsmittel wird intensiv eingespeichelt, geprüft und bei nicht bestandenem Qualitätscheck wieder ausgespuckt.

Foto: Shutterstock/ai-ivanov

IGELWISSEN von Dr. Stephan Dreyer

Igel nutzen beim Test, ob etwas fressbar ist, das Jacobsonsche Organ, das bei ihnen, im Gegensatz zu anderen Säugetieren, noch gut erhalten ist. Dieses Organ liegt oberhalb des Gaumendaches und ist Teil der Geruchswahrnehmung. Beim Einspeicheln und Schmatzen werden Geruchs- und Geschmacksstoffe gelöst. Nach dem Test wird der Schaum wieder ausgespuckt oder unter großen Verrenkungen mit der Zunge zwischen den Stacheln verteilt. Warum er das macht? Das können sich selbst Wissenschaftler nicht erklären. Es bleibt ein Geheimnis.

Foto: Shutterstock/Oleksandr_U

Nützlich? Schädlich? Wichtig!

Im ökologischen Kreislauf hat jedes Lebewesen seine Aufgabe. Die Unterteilung in nützlich und schädlich ist deshalb eigentlich falsch. Sie ist menschengemacht und orientiert sich daran, was wir für nützlich halten und was aus unserer Sicht schädlich ist. Dabei hat jede Schnecke, jede Spinne und jeder Maulwurf eine Daseinsberechtigung, das sollten wir niemals vergessen.

Seit die Menschen sesshaft geworden sind, nehmen sie aber Einfluss auf die Natur, verändern Wälder und Fluren, um sie nutzbar zu machen. Das natürliche Gleichgewicht läuft deshalb schon lange aus dem Ruder. Das ist häufig auch der Grund, warum sich beispielsweise im Garten Lebewesen stark ausbreiten, die uns beziehungsweise unserem Gemüse, Obst oder den Zierpflanzen, das Leben schwer machen. Sie nehmen überhand, weil es nicht genug oder keine Gegenspieler gibt, die sie in Schach halten. Wir nennen sie „Schädlinge". Blattläuse zählen dazu und Wühlmäuse, Nacktschnecken und all die neu auftretenden Tiere und Krankheiten, die durch Klimawandel und Globalisierung auch in unsere Breiten gelangen, z.B. die Reiswanze.

Der Igel schert sich um solche Einteilungen weniger, gilt aber in vielerlei Hinsicht als Nützling. Obwohl Igel auch den einen oder anderen Regenwurm verspeisen und ab und zu auch mal ein Vogelei – hauptsächlich sind es doch Plagegeister und wenig geschätzte Gartengäste, die auf seinem Speisezettel stehen. Eulenfalter, z.B. die Wintersaateule, gehören zu dieser Gruppe, die im Garten große Schäden anrichten. In einer Nacht können Igel mehrere Dutzend davon verspeisen.

Foto: Shutterstock/alslutsky

Unternimm mal was!

Leg dich in der Abenddämmerung mit Aufnahmegerät und Mikrofon auf die Lauer. Wenn du Glück hast, fängst du das laute Schmatzen eines Igels ein und außerdem noch jede Menge anderer Geräusche. Mach mit der Familie oder Freunden später ein Quiz, was zu hören ist und von wem die Geräusche stammen.

Von Leckerbissen bis Notration

Wie alle Lebewesen haben auch Igel beim Fressen so ihre Vorlieben, mitunter müssen sie aber das nehmen, was gerade da ist.

Käfer: Vor allem Laufkäfer, aber auch Weichkäfer, Aaskäfer, Wasserkäfer, Rüsselkäfer und noch mehr sind die Hauptmahlzeit von Igeln. Die Panzer sind dabei gar nicht so einfach zu knacken, aber die Mühe machen sich Igel, denn Käfer liefern lebensnotwendiges Protein. Mehr als ein Viertel der Beutetiere von Igeln sind Käfer.

Regenwürmer: Eine sehr wichtige Nahrungsquelle sind auch Regenwürmer, die Igel in humusreicher Erde und vermoderndem Pflanzenmaterial finden. In trockenen Zeiten verkrümeln sich Regenwürmer aber in tiefere Erdschichten und sind dann für Igel nicht mehr zu erreichen. Wie viele Regenwürmer gefressen werden, hängt also auch stark von der Witterung ab.

Ohrwürmer: In warmen Gegenden können Igel sich an Ohrwürmern gütlich tun, die sie beispielsweise unter Rinden und Steinen aufspüren.

Dickmaulrüßler knabbern an Blättern, Knospen und Trieben, die Larven fressen Wurzeln, Knollen und Rhizome.

Regenwürmer tragen zu einer guten Bodenstruktur bei. In humosen Böden sind genug da, um auch Igel satt zu machen.

Ohrwürmer fressen Blattläuse, Eier von Apfelwicklern und so was. Sie mögen aber auch zarte Gemüsepflänzchen

Wiesenpieper brüten am Boden. Ihre Nester werden schon mal von Igeln geplündert.

Tausendfüßler: Im Gegensatz zu Hundertfüßlern, die ziemlich schnell unterwegs sind, können Tausendfüßler von Igeln gut erbeutet werden. Sie finden die Tiere unter Laub, Steinen, faulem Holz und in der Erde.

Schmetterlingslarven: Neben Käfern sind Schmetterlingslarven, wie die der Eulenfalter, die absolute Lieblingsspeise von Igeln. So genau lässt sich nicht sagen, welche Larven bevorzugt werden, da Igel aber gerne in Wiesen unterwegs sind, fressen sie wahrscheinlich vor allem Raupen von Schmetterlingen und Schnaken, die in Wiesen und Rasen vorkommen.

Spinnen: Vor allem Wolfsspinnen scheinen Igel gerne zu fressen, weil Spinnen aber eigentlich viel zu leicht sind, machen sie bei der täglichen Nahrungszufuhr nur einen geringen Teil aus.

Schnecken: Es gibt ziemlich viele verschiedene Schneckenarten, die meisten stehen auf dem Igel-Speisezettel. Nur solche mit wirklich festem Haus, wie die Weinbergschnecke, können Igel nicht knacken. Eine Nacktschnecke wird verspeist und anschließend das Maul im Gras geputzt und vom Schneckenschleim befreit.

Wirbeltiere: Frösche, Mäuse, Schlangen, Maulwürfe – Wirbeltiere werden ziemlich selten von Igeln gefressen, häufiger schon mal als Aas. Wenn sie allerdings das Nest eines Bodenbrüters mit Eiern antreffen, dann werden die schnell verspeist.

Foto: Shutterstock/Dan Gabriel Atanasie

Kohlweißlingsraupen sind echte Vielfraße an Kohlgemüse und nicht die besten Freunde von Gärtnern.

Foto: Shutterstock/Jordon Sharp

Die Dunkle Wolfsspinne (*Pardosa amentata*) kommt häufig in unseren Gärten vor.

Foto: Shutterstock/Fotoz by David G

Tigerschnegel (*Limax maximus*) gehören zu den Schnecken, die von Igeln verspeist werden.

Foto: Shutterstock/Dan Olsen

Der Gerandete Saftkugler (*Glomeris marginata*) zählt zu den Tausendfüßlern. Bei Gefahr fängt er an zu stinken.

DAS GROßE IGEL-KREUZWORTRÄTSEL

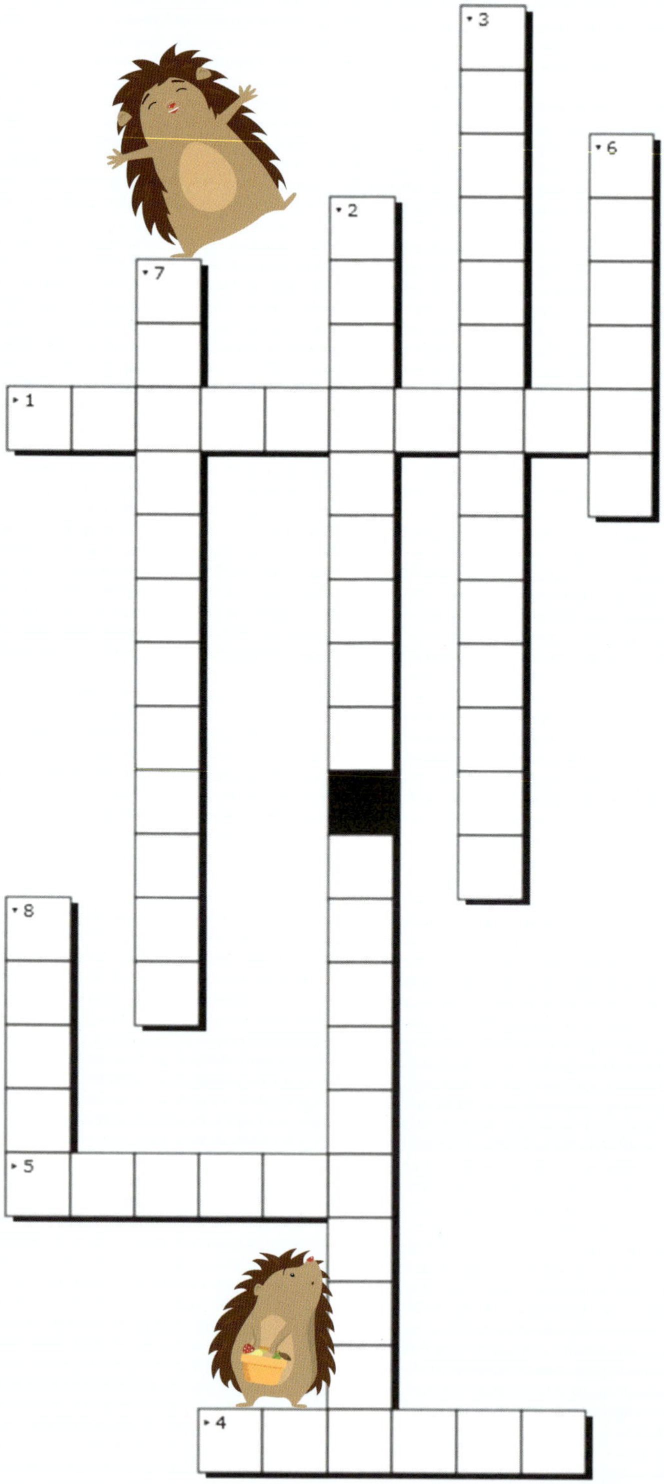

1. Wie viele Stacheln haben Igelbabys?
2. Lateinischer Name vom Braunbrustigel?
3. Was machen Igel bei Gefahr?
4. Was trinken Igel?
5. Was können Igel besonders gut?
6. Wann gehen Igel auf Jagd?
7. Was machen Igel im Winter?
8. Wovon werden Igel krank?

Igel füttern – pro und contra

Die Lebensräume von Igeln werden „zerschnitten", der Klimawandel bringt den Lebensrhythmus durcheinander, der Insektenschwund reduziert das Nahrungsangebot – Igel haben es schwer. Durch verschiedene Maßnahmen können wir ihnen helfen.

Igel sind Wildtiere und finden ihre Nahrung in ihrem Revier – so sollte es zumindest sein. Die Realität sieht für Igel jedoch oft anders aus:

- Nahrungsmangel: Es gibt tatsächlich immer weniger Insekten und auch Laufkäfer, die Hauptmahlzeit der Igel. Manchmal müssen Igel sehr weit laufen, um etwas Fressbares zu finden. Wenn Igelmütter auf Nahrungssuche gehen, passiert es gar nicht selten, dass sie weite Strecken zurücklegen, Straßen überqueren und dann totgefahren werden.
- Klimawandel: Der Klimawandel bringt auch im Leben der Igel einiges durcheinander. Vor allem die heißen trockenen Sommer machen den Tieren zu schaffen. Igelhilfen und -stationen bekommen immer häufiger dehydrierte Tiere in Obhut.
- Verlust von Lebensräumen: Straßen durchqueren die Reviere von Igeln, immer mehr Fläche wird zugebaut – da wird der Platz für die Stacheltiere immer kleiner. Dazu kommt, dass viele Menschen ihre Gärten gerne „sauber" haben möchten, funktional und nicht so arbeitsaufwendig. Nur Rasen und ein paar Sträucher und Steine sind angesagt, Biene, Hummel, Igel & Co. finden hier kaum Nahrung.

Foto: Manuela Martin

Es gibt also eine Menge Gründe, Igel im Garten zu füttern. Du musst aber einiges dabei beachten, damit du Igel wirklich unterstützt und nicht schadest. Zum Thema Igelfütterung in Igelstationen und Igelhilfen findest du nützliche Informationen im Kapitel: „Igel gefunden" auf Seite 85.

Wann und wie lange – das ist hier die Frage

Wissenschaft, Fachleute, Igelinitiativen – man ist sich nicht einig, wann und wie lange Igel gefüttert werden sollen. Dass Igel bei Wassermangel dehydrieren, bei Nahrungsmangel immer schwächer und dann auch häufiger krank oder von Schädlingen befallen werden, dass Igeljunge den Winter nicht überleben, weil sie sich nicht genug Gewicht anfressen konnten – das und noch

Du kannst helfen

Stell im Garten eine oder mehrere Wasserschalen auf den Boden. Du kannst dafür beispielsweise Blumenuntersetzer aus Ton verwenden. Das Wasser muss alle paar Tage erneuert und die Schalen gereinigt werden.

mehr spricht deutlich für eine Fütterung. Aber Igel gewöhnen sich auch schnell an den Service, werden ein bisschen fauler und laufen nicht mehr so weite Strecken. Partner zu finden, wird dann aber schwieriger. Steht ständig Futter bereit, fressen sich manche Igel kugelrund - Igel kennen nämlich kein Sättigungsgefühl – und das ist ein No-Go, auch für Wildtiere.

Finden sich mehrere Igel an den Futterstellen ein, gibt es außerdem auch viel häufiger Streit zwischen den Männchen um paarungsbereite Weibchen, als normalerweise in der Natur.

Das Zufüttern ist wichtig, richtig und nützlich, es kommt aber darauf an, die Fütterung igel- bzw. wildtiergerecht zu gestalten. Wenn du das richtige Futter bereitstellst, im besten Fall ein Futterhaus aufstellst, die Jahreszeit und den Biorhythmus der Igel berücksichtigst, im Garten auf Vielfalt setzt – dann hilfst du Igeln, gesund übers Jahr zu kommen und die Igelpopulation zu erhalten beziehungsweise sie zu stärken.

Es gibt verschiedene Zeiten im Jahr, wo eine Fütterung wichtig und sinnvoll ist:

- Wenn schon im Februar kurzfristig die Temperaturen auf 20 Grad steigen, dann wachen Igel auf und suchen nach etwas Fressbarem. Oft finden sie nichts, weil die Natur noch gar nicht so weit ist, Insekten noch rar sind. Auch Wasser – das ist gerade nach dem Aufwachen wichtig – steht meist nicht zur Verfügung. In solchen Zeiten ist es wichtig, Wasser bereitzustellen und abends das Futterhaus zu bestücken.
- Auch im Herbst, ab September, hat sich eine Zufütterung bewährt, denn die Igel brauchen ein Gewicht von etwa 550–600 g um überwintern zu können. Außerdem suchen jetzt noch Igelmütter viel Nahrung für ihren Nachwuchs.
- Bei der Ganzjahresfütterung vom frühen Frühjahr bis in den Herbst wird immer abends frisches Wasser und geeignetes Futter für Igel entweder an einem geschützten Platz im Garten oder am besten in einem speziellen Futterhäuschen angeboten. Gib nie zu viel Futter, sondern immer nur etwas in den Napf, es sollte täglich erneuert und der Napf heiß ausgespült werden.

Mittlerweile wird in Fachkreisen auch über eine Ganzjahresfütterung diskutiert. Das sagen Experten:

Manuela Martin zur Ganzjahresfütterung:

„Mittlerweile empfehle ich die Ganzjahresfütterung, weil der Insektenrückgang es immer schwieriger macht, dass Igel genug Futter finden. Vor allem setzen aber auch fehlende Wasserstellen den Tieren zu. Schon im Mai bekommen wir viele dehydrierte und unterernährte Igel, die bestehen manchmal nur noch aus Knochen und Stachelkleid."

Dr. Stephan Dreyer, Biologe

„Man kann die Fütterung von Igeln mit der Fütterung von Gartenvögeln gleichstellen, die manche ja auch ganzjährig füttern möchten. Das heißt, außer im Winter kann Igelfutter und Wasser angeboten werden. Bei naturnahen Gärten wird es vielleicht gar nicht stark angenommen, da hier die Natur reichlich Grundnahrung bietet, aber im Zweifelsfall es ist besser, Igeln immer etwas Geeignetes anzubieten."

Spurensuche

Bevor du mit dem Füttern beginnst, musst du natürlich erst einmal wissen, ob sich überhaupt ein Igel im Garten aufhält. Gar nicht so einfach, wenn die Tiere nur in der Dämmerung und nachts unterwegs sind. Wenn du einen naturnahen Garten hast, es auch in der Umgebung Gärten und Wiesen gibt, dann ist bestimmt ein Igel heimlicher Gast. Jetzt lohnt es sich, ein Igel-Futterhaus aufzustellen. Eine Anleitung zum Selberbauen findest du auf der nächsten Seite. Außerdem kannst du auch eine Wildkamera installieren und die Stachelritter damit aufspüren.

TIPP von Manuela Martin von der Igelhilfe E/igeltingen

Wenn einfach eine Schale mit Igel-Trockenfutter im Garten aufgestellt wird, lockt man dadurch Katzen, Ratten und viele andere Tiere an, die sich dann am Futter laben. Deshalb ist ein Igel-Futterhaus mit einer Zwischenwand versehen - es geht also um eine Ecke herum - und das hält die meisten anderen Tiere fern. Und wenn es über eine spezielle Klappe verfügt, auch Ratten! Liegen vor dem Futterhaus oder in der Nähe schwarze bis dunkelbraune Kotwürste, dann weiß man, dass ein Igel zu Besuch war.

IGELHAUS-BAUANLEITUNG

Nach einer Vorlage der Tierschutzorganisation VIER PFOTEN

Tierschutz. Weltweit.

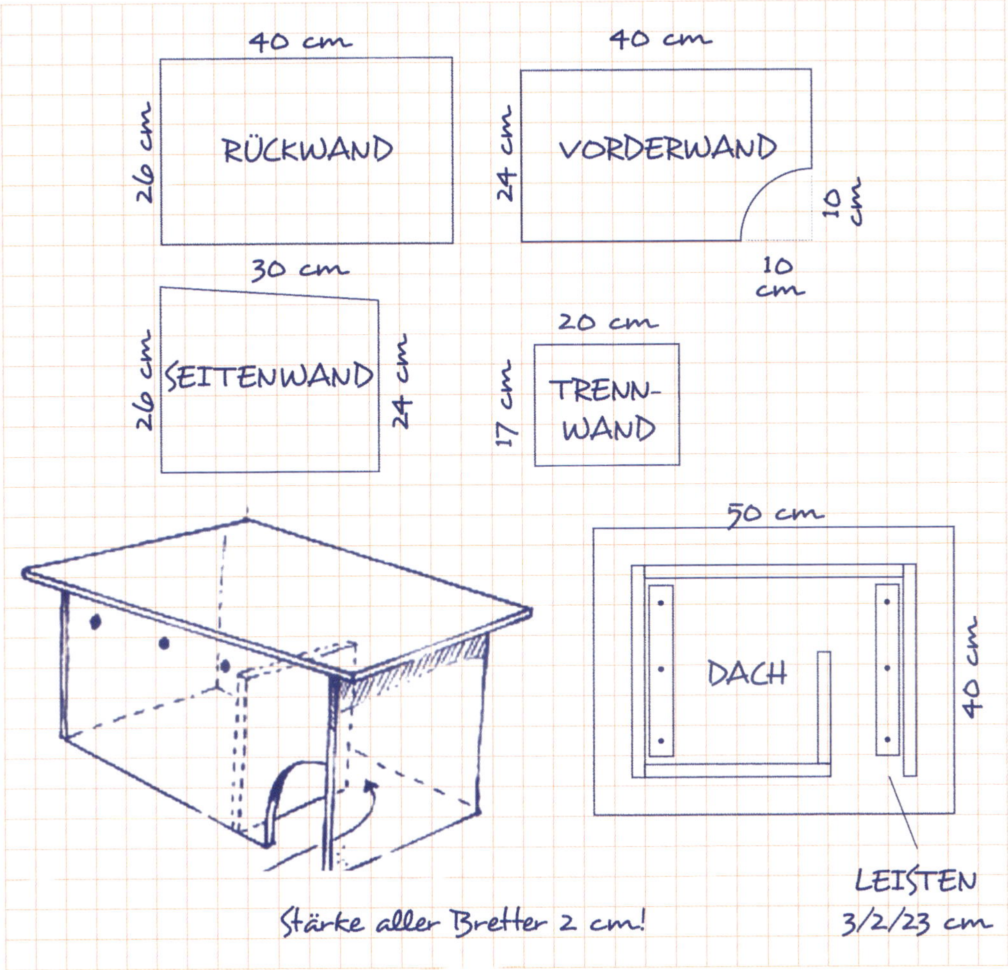

Quelle: VIER PFOTEN/www.vier-pfoten.at

- Trockenes, ungehobeltes und unbehandeltes Nadel- oder Hartholz mit einer Brettstärke von 20 mm eignet sich hervorragend für den Bau von Igelhäusern.
- Die Einzelteile anhand der obenstehenden Skizze zuschneiden.
- In den oberen Teil der Vorderwand einige Löcher mit ca. 2 bis 3 cm Durchmesser bohren, die eine gute Durchlüftung gewährleisten und einem feuchten Klima vorbeugen. Außerdem die Einschlupföffnung ausschneiden.
- Die einzelnen Bretter laut Skizze zusammenschrauben. Durch die Zwischenwand wird der Eingangsbereich vom Rest des Hauses abgeteilt und bietet so Sicherheit vor Beutegreifern.
- Das Dach kann auch unverschraubt aufgelegt werden. So kann es im Frühjahr zur Reinigung abgenommen werden.
- Zur längeren Haltbarkeit die Dachplatte mit Blech oder Dachpappe abdecken.

Foto: Shutterstock/Mark Deudney

Igelfutter Gos und No-Gos

Obst füttern? Milch zum Trinken geben? Bei der Fütterung kann man ganz schön viel falsch machen und den Igeln dann nicht helfen, sondern sogar noch schaden. Mit ein bisschen Knowhow ist alles aber kein Hexenwerk.

Nährstoffe, die Igel brauchen:

- Eiweiß zum Wachsen, zum Aufbau von Muskeln und zum Regenerieren von verwundetem Gewebe.
- Fett liefert Energie. Überschüssiges Fett wird gespeichert und in nahrungsarmen Zeiten und vor allem während des Winterschlafs verwertet.
- Ballaststoffe, z.B. auch die Chitin-Panzer von Käfern, sind für die Verdauung wichtig.

Gut gemeint, ist nicht immer gut

Milch muss den kleinen Stachelrittern doch guttun und Äpfel schmecken ihnen bestimmt auch – wenn du das denkst, liegst du komplett falsch. Igel vertragen nämlich keine Laktose und deshalb auch keine Milch, denn auch wenn ihnen Milch schmeckt, tut sie ihnen nicht gut! Sie sollen ausschließlich Wasser trinken. Und was Obst

Mach dich schlau!

Die tierärztliche Hochschule Hannover empfiehlt: Bei einem Igelalleinfutter sollte der Rohproteinwert 30–50 %, der Rohfettwert mindestens 16–28 % sein, der Rohfasergehalt sollte 3 % nicht überschreiten.

angeht, musst du wissen, dass Igel reine und rohe pflanzliche Nahrung nicht verdauen können. Würde ein Igel nur mit Obst und Gemüse ernährt, dann müsste er verhungern. Die Wildtiere sind eben keine Vegetarier. Ganz selten sieht man Igel aber trotzdem mal an einem Apfel knabbern, vor allem an vollreifem Obst. Die natürlich enthaltenen Rohfasern sind gute Ballaststoffe und außerdem enthält Obst und Gemüse Wasser. Da kann auch ein Igel nicht „Nein" sagen.

Das hast du vielleicht zuhause und ist ein gutes Futter:

- hartgekochte Eier, Rührei
- gekochtes Geflügelfleisch
- durchgegartes Hackfleisch, das mit geringen Mengen an Weizenkleie, Haferflocken oder auch mit Igeltrockenfutter gemischt werden kann
- Igelfutter, also fertige Mischungen, die als Nass- oder Trockenfutter erhältlich sind
- Katzenfutter ohne Zucker und Gelatine, keine Soße – dafür aber mit hohem Fleischgehalt
- gezüchtete Futterinsekten wie Grillen, Heuschrecken (frisch oder tiefgefroren)

Lecker Futter

So bereitest du ein selbst gemischtes Igelfutter zu: Mische 50 % Katzenfeuchtfutter mit 50 % Ei oder Hackfleisch, das du am besten in Pflanzenöl anbrätst.

Das darfst du nicht füttern:

- Obst, Gemüse
- Milch und Milchprodukte
- Rosinen
- Brei für Menschenkinder

Melanie Bauer von der Igelstation Riederich

„Wir geben in der Igelstation auch Katzenfutter, allerdings nur ohne Soße oder Gelatine, davon bekommen Igel nämlich Durchfall. Hauptsächlich gibt es bei uns „Pastete Junior" nur mit Huhn oder Rind. Dicke Fleischbrocken sollten auch nicht drin sein."

Foto: Shutterstock/Bildagentur Zoonar GmbH

Foto: Shutterstock/Coates

Wer es noch nicht wusste: Es gibt auch fertiges Igelfutter

Igel ernähren sich vielfältig und haben eine große Futter-Palette. Das müssen wir beim Zufüttern immer beachten und ausgewogene Mahlzeiten anbieten. Neben Eiern, Hackfleisch, Haferflocken ist Fertigfutter eine gute Ergänzung oder auch Alternative. Voraussetzung ist, dass das Futter sorgfältig zusammengestellt wurde und alles enthält, was ein Igel für eine gesunde Ernährung benötigt. Trockenfutter hast du schnell zur Hand, es ist lange haltbar, kann gut gelagert werden und beim Füttern im Garten über längere Zeit draußen stehen, ohne zu verderben. Hackfleisch oder frisches Rührei verdirbt im Sommer nämlich recht schnell. WICHTIG: Zum Trockenfutter musst du aber immer auch Wasser bereitstellen.

Katzenfutter ist meistens sehr kalorienarm, du musst also noch andere Zutaten untermischen, Igel-Trockenfutter enthält aber dagegen viel Eiweiß und Fett, damit Igel gut zunehmen und so das nötige Gewicht für den Winterschlaf erreichen.

Du kannst helfen

Igel vertragen getrocknete Mehlwürmer sehr gut. Weiche sie vor dem Füttern gut in Wasser ein.

Verschiedene fertige Futter:

Bild 1: Trockenfuttermischungen für Igel, z.B. Spezial-Igelfutter und getreidefreies Igelfutter.

Bild 2: Igel-Nassfutter: Gute Alternative zu Ersatzprodukten wie Katzenfutter, denn artgerechte Igel-Nassfutter enthalten im Gegensatz zu vielen Katzenfuttern keine Gelatine oder Zuckerzusätze.

Bild 3: Frische Insekten, z.B. lebende Mehlwürmer

Bild 4: Getrocknete Insekten, z.B. getrocknete Mehlwürmer, Seidenraupenpuppen und Grillen.

Fotos: Claus GmbH

Foto: Karin Unzeitig

Wenn du im Herbst ein Igeljunges findest, hat es ohne deine Hilfe kaum eine Chance.

Fragst du dich das auch?

Wann sollte man Igel füttern?

Hilfsbedürftige, untergewichtige, kranke oder geschwächte Igel brauchen unsere Unterstützung. Im Garten kannst du in nahrungsarmen Zeiten, also im Frühjahr, Spätsommer und Herbst zufüttern. Bitte stelle immer auch frisches Wasser in einer flachen Schale für die Gartenbesucher bereit!

Dürfen Getreide im Igelfutter enthalten sein?

Getreide dürfen in Form von Haferflocken gefüttert werden, sie sind „aufgeschlossen" und bieten Igeln sehr gut verfügbare Nährstoffe, wie beispielsweise Stärke. Das ist sogar wissenschaftlich nachgewiesen.

ACHTUNG: Getreide dürfen nur aufgeschlossen (als Flocken) und nur in kleinen Mengen (bei Haferflocken max. 20 %) enthalten sein, damit der Rohfasergehalt nicht zu hoch wird.

Sind Erdnüsse schädlich für Igel?

Erdnüsse haben einen sehr hohen Nährwert, da sie jede Menge wertvolles Eiweiß (ca. 24%) enthalten sowie energiereiches Fett (ca. 45%), außerdem Magnesium und Vitamin B und E. Für geschwächte Igel sind sie sehr empfehlenswert, damit die kleinen Wildtiere wieder an Gewicht zulegen. Ungeschälte Nüsse können Schimmelpilze enthalten, verwende deshalb nur geschälte Erdnüsse als Beigabe in kleineren Mengen – am besten zerkleinert.

Was muss ein Igel für den Winterschlaf wiegen?

Mitte September sollte ein gesunder Igel ca. 200 g wiegen, Anfang Oktober dann schon etwa 300 g, Mitte Oktober 400 g und Anfang November muss er etwa 600 g auf die Waage bringen, damit er gut durch den Winter kommt. Wenn es Bodenfrost gibt oder die Temperatur mehrere Tage hintereinander unter 8 °C liegt, dann benötigen Igel mindestens 700 g, um den Winter zu überstehen.

Foto: Okapia

Benehmen sich Igel ungewohnt, können sie krank sein und brauchen deine Hilfe.

Igelwissen mit Dr. Stephan Dreyer

„Hauptnahrung von Igeln in der Natur sind wirbellose Tiere. Industriell gefertigtes Futter imitiert die Naturvorgaben durch Darreichen der entsprechenden Nähr- und Wirkstoffe und zwar unabhängig davon, woraus diese stammen, sofern sie verdaut werden können und nicht schädlich sind. Wenn Getreide technisch mehr oder weniger aufgeschlossen ist, etwa durch Wärme, Druck oder Feuchtigkeit, wie das beispielsweise bei Getreideflocken der Fall ist, dann ist Getreide in Bezug auf die Stärke zumindest teilweise verdaulich, das Getreideprotein ist sowieso sehr wertvoll und bestens geeignet.
Nüsse bieten neben Protein auch Fett und das imitiert den hohen Fettgehalt von Larven und anderen Wirbellosen sehr gut, Nüsse sind deshalb in Igel-Fertigfuttermitteln ein Langzeit-Energieträger."

Im Herbst müssen Igel an Gewicht zulegen, sonst kommen sie nicht durch den Winter.

Foto: Okapia

SO ENTSTEHT ARTGERECHTES IGELFUTTER

Bild 1: Bis der Igel dieses leckere und gesunde Futter im Napf hat, passiert so einiges… wir haben bei der Claus GmbH mal hinter die Kulissen geschaut, wie so ein Igelfutter entsteht.

Bild 2: Thomas Mayer leitet das 1904 gegründete Familienunternehmen in 4. Generation zusammen mit seiner Frau Dr. Martina Bergmann. Bei der Claus GmbH kennt man sich bestens mit Fragen rund ums Futter und gesunder Tierernährung aus. Die Firma ist bekannt für ihre Naturfutter für Wild- und Ziervögel, Igel und Eichhörnchen. Seit circa 50 Jahren stellt sie in Zusammenarbeit mit Experten und Igelstationen verschiedene Igelfutter her.

Bild 3: Expertenwissen ist gefragt: Bei der Entwicklung des Futters tragen nicht nur die Fachleute von Claus,

Foto: Ulrich Roth

sondern auch Biologen, Tierärzte und Igelstationen dazu bei, dass ein Futter auch genau der artgerechten Igel-Ernährung entspricht.

Foto: Ulrich Roth

Bild 3: Auf die artgerechten Inhaltsstoffe kommt es an. Rohstoffe werden bei Claus mit größter Sorgfalt von ausgesuchten Lieferanten ausgewählt und es wird darauf geachtet, dass es reine Naturprodukte sind. Alle Zutaten und Anteile müssen bis ins kleinste Detail aufeinander abgestimmt sein.

Bild 4: Die Rohstoffe werden in unabhängigen Labors getestet, dazu kommt auch noch die staatliche Futtermittelkontrolle. Thomas Mayer: „So können wir Sicherheit für gesundes und einwandfreies Futter garantieren."

Foto: Shutterstock/Iakov Filimonov

Bild 5: Alle Produkte werden im Vorfeld natürlich sorgfältig getestet, bevor sie auf den Markt kommen. Beim Igelfutter werden sie auch von Igelstationen geprüft und natürlich von den Igeln selbst verkostet.

1

Foto: Ulrich Roth

PRODUKTIONSABLAUF IM WERK DER CLAUS GMBH IN LIMBURGERHOF

2

Foto: Ulrich Roth

3

Foto: Claus GmbH

4

Foto: Ulrich Roth

5

6

7

Foto: Claus GmbH

Bild 1: Trocken, kühl und vor Schädlingen geschützt, werden die Rohstoffe nach dem Einkauf in großen Bigbags oder Säcken gelagert.

Bild 2: Bevor das Igelfutter gemischt werden kann, erhitzen Reshad und Horst reines Pflanzenöl. Es ist ein hochwertiger und wichtiger Fett- und Energielieferant für Igel. Es wird vorsichtig erwärmt, damit es dann besser in die anderen Komponenten einzieht.

Bild 3: Julia bereitet die Vitamine und Mineralien für die Futtermischung vor, die dafür sorgen, dass die Igel mit allen notwendigen Nährstoffen versorgt werden.

Bild 4: Ganz spezielle Maschinen mischen die Zutaten: Im „Igelfutter getreidefrei" werden Fleisch und Ei mit dem Öl vermengt und die empfindlichen Insekten sorgfältig untergehoben.

Bild 5: Chef Thomas und Produktionsleiter Philipp kontrollieren die Futtermischungen regelmäßig auf ihre Qualität.

Bild 6: Oliver, Andreas und Mike sind das Abpackteam. Das Futter wird in eine spezielle lichtundurchlässige Folie verpackt, damit die beigefügten Vitamine und Mineralien nicht an Wirkung verlieren.

Bild 7: Alle Futter von Claus sind reine Naturprodukte. Sie werden ohne Zusätze von Zucker und Konservierungsmitteln sowie ohne Gentechnik in Deutschland hergestellt.

Foto: Okapia

3

DAS IGELJAHR

Endlich wird's warm – das Frühjahr

Ganz schön heimlich sind sie, die Igel. Jedenfalls kommt uns Menschen das so vor. Sie sind halt eher nachts unterwegs und im Gebüsch zuhause. Aber was machen Igel eigentlich das ganze Jahr über?

Schnell geschaut

Aufwachen im Frühling: Sonne und Wärme „küssen" Igel wach. Jetzt heißt es erstmal trinken und fressen und dann geht's schon los mit der Brautschau und den Igel-Hochzeiten.

Foto: Shutterstock/Coatesy

Paarungszeit: Von Mitte April bis Mitte Mai ist die Zeit der Igel-Hochzeiten und der Nestsuche.

Foto: Shutterstock/Ksenia Lada

Igelgeburten: Von Mitte Mai bis Ende September kommen die Igelbabys zur Welt, die meisten im Juni und August.

Foto: Okapia

Futtersuche im Herbst: Von Mitte September bis Anfang Dezember wird bei Igels hemmungslos gefuttert.

Foto: Shutterstock/Coatesy

Winterschlaf: Schlafenszeit ist von Mitte Oktober bis Mitte März. Der Organismus wird runtergefahren – gut so, es gibt eh viel zu wenig bis gar keine Leckerbissen für Igel.

Foto: Shutterstock/I. Rottlaender

Foto: Shutterstock/Trinacria

Der Frühling

Frühlingszeit = Aufwachzeit! Die Temperaturen steigen, das Igeljahr beginnt und alles „dreht sich" um die Igeldamen.

Die Temperaturen bleiben dauerhaft über 10 Grad, die Natur erwacht: Das ist sozusagen der Wecker für Igel, der sie aufwachen lässt. Als erste erwachen die Männchen etwa Mitte März, die Weibchen sind die größeren Schlafmützen und krabbeln Anfang April aus ihren Nestern.

Wer den ganzen Winter verschläft, der braucht erstmal eine Weile, um wieder wach zu werden. Dann geht es aber gleich los mit der Suche nach etwas zu trinken und Essbarem. Igel verlieren während des Winterschlafs etwa 30 Prozent Gewicht und sind meistens nur noch „Haut und Knochen". Und das Aufwachen kostet auch nochmal richtig viel Energie. Im Winter, wenn Igel schlafen, wird ihr Organismus komplett runtergefahren. Beim Aufwachen werden dann Temperatur, Herzschlag und Atmung wieder hochgefahren. Das bedeutet eine enorme Kraftanstrengung: Zunächst ist die Durchblutung bis zu fünffach erhöht, Herz und Atmung arbeiten auf Hochtouren, bis der Organismus wieder auf Normalstatus läuft. Verständlich, dass die Stachelritter nach dem Winterschlaf einen Riesenhunger haben und schnell wieder an Gewicht zunehmen müssen.

Hemmungslos futtern

Jetzt heißt es: Reinhauen, was geht, um schnell das verlorene Gewicht wieder anzufuttern. Da macht ein Igel mitunter auch nicht vor dem Fressnapf der Katze halt. Wenn du also an einem lauen Aprilabend auf der Terrasse Besuch bekommst und die Katze vor Schreck erstarrt, dann freu dich und stell dem Igel gleich noch frisches Wasser bereit.

Jetzt ist auch eine gute Zeit zum Zufüttern, das Nahrungsangebot ist nämlich noch nicht allzu groß. Auf Seite 32 findest du alle Infos zum artgerechten Futter, ein Rezept für selbst hergestelltes Igelfutter und Hinweise auf Fertigfutter.

Igelkarussell

Frühlingsgefühle bekommen auch Igel! Bereits Mitte April beginnt die Paarungszeit und endet im August. Wie magisch angezogen folgen die Igelmännchen dem Duft der Weibchen, und nehmen lange Strecken auf sich, um eine Partnerin zu finden. Dabei sind sie ziemlich unvorsichtig und kopflos, überqueren viel befahrene Straßen und setzen sich großen Gefahren aus. So ist sie, die Liebe! Mehr über das Igelkarussell kannst du auf Seite 18 lesen.

Foto: Shutterstock/Stephan Morris

Der Sommer

Der Sommer ist die Zeit des Nestbaus und der Igel-Kinderstube. Bevor die Kleinen geboren werden, muss sich die Igelin aber erst einmal um ein schönes Zuhause kümmern.

Bevor die Igelbabys zur Welt kommen, muss sich die Mutter erst einmal um das passende Zuhause kümmern: Ein Nest, groß genug für sie selbst und den Nachwuchs, gut geschützt vor Räubern, wie Dachs, Hund und Fuchs, warm und kuschelig. Oberste Priorität hat die Sicherheit, weswegen Nester für die Jungenaufzucht gerne im Dornengestrüpp gebaut werden. Die Jungen sind zwischen den Dornen gut geschützt, außerdem gibt das Gestrüpp dem Nest eine gute Stabilität.

My home is my castle: Igelnester

My home is my castle – das gilt auch bei Igeln, allerdings haben sie jede Menge Häuser, also besser gesagt, Nester: solche für den Tagesschlaf, andere für die Jungenaufzucht und welche für den Winterschlaf. Eigentlich sind sie ständig am Bauen und auch wenn das Ganze vielleicht einen auf den ersten Blick etwas unordentlich wirkt, so wird doch jedes Nest sehr sorgfältig zurecht gemacht.

Die Materialien:

- Laub
- Moos, Gras, Heu
- Totholz, Gestrüpp, z.B. Brombeer-ranken

Ist der richtige Platz gefunden, dann wird erst einmal Laub gesammelt und am passenden Platz, z.B. zwischen Brombeerranken, aufgeschichtet. Anschließend kriecht der Igel mitten hinein und dreht sich so lange herum, bis das Laub gut zusammengedrückt ist. Ausgepolstert wird das Ganze mit Moos, Heu oder was es sonst noch an weichen Materialien in der Umgebung gibt. Vor allem das Nest für die Igelbabys wird gut isoliert, die Kleinen müssen nämlich schön warm gehalten werden in der ersten Zeit nach der Geburt.

Und wenn's mal schnell gehen muss und der Schlaf sie übermannt? Dann rollen sich die Stachelritter einfach in einem Brennnesseldickicht oder unter einem Busch zusammen.

Du kannst helfen

Im Garten fällt so manches Laub an. Lass den Laubsauger aus, besser ist zusammenrechen und liegen lassen. Die Igel werden sich freuen.

WUSSTEST DU ...

dass Igelbabys erst zwei Wochen nach der Geburt sehen und hören können? In der Tierwelt zählen sie deshalb zu den Nesthockern.

Igelbabys

Etwa 35 Tage nach erfolgreicher Paarung ist es soweit: Die Igelbabys kommen zur Welt. Die Geburtstage häufen sich im August, aber das ist regional etwas unterschiedlich, in wärmeren Gegenden erblicken auch schon ab Mitte Juni Igel das Licht der Welt. Und dann krabbeln mit einem Mal 2–7 oder mehr Junge im Nest herum und halten die Igelin ganz schön auf Trab.

Die Kleinen sind bei ihrer Geburt nur etwa 6 Zentimeter lang und wiegen zwischen 12 und 25 Gramm. Frisch geboren sieht es so aus, als hätten die Igel noch gar keine Stacheln, aber das stimmt nicht. Man sieht sie nur nicht, weil sie in die etwas aufgedunsene Haut eingebettet sind und so bei der Geburt nicht stören. Einige Stunden später werden dann etwa 100 weiche, weiße „Geburtsstacheln" sichtbar, die schon nach einigen Tagen ausfallen und dunklere wachsen nach. Auch die zweiten Stacheln fallen nach ein paar Lebenswochen wieder aus, danach erst wächst die dritte und endgültige Igelrüstung.

Nach etwa dreieinhalb Wochen haben die kleinen Igel dann schon an Gewicht zugelegt und können mit 150–180 Gramm bereits ein wenig die Umgebung erkunden. Die Igelmutter ist aber immer noch für sie da und säugt sie auch noch zweieinhalb Wochen lang. Aber sie bekommen jetzt Unterricht in Sachen Nahrungssuche, denn vielleicht früher als ihnen lieb ist, geht die Mutter wieder ihrer Wege und die Jungigel sind auf sich gestellt.

Foto: Okapia

TIPP von Gabriele Gaede vom Arbeitskreis Igelschutz Berlin e.V.

Wenn Sie ein Igelbaby oder einen Jungigel finden, die ein wenig hilflos umherlaufen oder auch fiepende Töne von sich geben, dann warten Sie am besten erst einmal ab. Die Mutter kann nämlich immer noch in der Nähe sein. Ist sie nach etwa einer Stunde noch nicht aufgetaucht, dann kontaktieren Sie am besten erst einmal eine Igelstation oder Igelhilfe, wie Sie jetzt weiter verfahren.

Der Herbst

Es wird Zeit, sich ein ordentliches Speckpolster anzufressen, denn nur so können Winter und Winterschlaf gesund überstanden werden. Und dann wird ein Schlafquartier gesucht.

Depots anlegen heißt es jetzt, genauer gesagt Fettdepots. Igel futtern im Herbst deshalb ganz besonders viel, denn nur mit einem schönen dicken Speckpolster, das sie während des Winterschlafs mit Energie versorgt, kommen sie gut über die kalte Jahreszeit. An guten Tagen oder besser gesagt in guten Nächten, wenn Igel ausreichend Larven, Käfer & Co. gefressen finden, können sie schon mal 10 g zunehmen. Tatsächlich entscheidet das Gewicht über Leben und Tod! Mindestens 500 muss ein Igel wiegen, um den Winterschlaf unbeschadet zu überleben.

Die Kleinen

Ausgewachsene, gesunde Igel können sich gut auf den Winterschlaf vorbereiten, die jungen, spät geborenen, die erst im September eigenständig auf Futtersuche gehen, haben es dagegen ziemlich schwer. Es wird kälter, das Nahrungsangebot schrumpft und sie haben noch kein Winternest vorbereitet. Manchmal sind deshalb Jungigel noch bis in den Dezember hinein unterwegs.

Winter-Schlafplatz

Gut schlafen ist die halbe Miete – mindestens, kann man da bei Igeln sagen. Und so geben sie sich auch wirklich alle Mühe, ein anständiges Winternest zu bauen. Aber zunächst muss ja der richtige Platz gefunden werden: stützendes Astwerk, geschützt vor Fressfeinden und außerdem vor Regen – das sind gute Voraussetzungen. Steht der Standort fest, wird sehr viel Laub herbeigetragen

Du kannst helfen

Gerade im Herbst, wenn Igel nicht mehr genug zu fressen finden, ist es wichtig, dass du den Wildtieren Futter bereitstellst. Alle Informationen über richtige Nahrungsmittel und wie du ein Futterhaus baust, findest du auf Seite 31.

Upcycling-Projekt: Schutzhaus für Igel

Du willst ohne große Mühe ein Igel-Schutzhaus bauen? Kein Problem. Werde einfach ein bisschen kreativ und baue einen Unterschlupf. Das macht nämlich richtig viel Spaß und du kannst den Igeln in deinem Garten helfen. In dem Igel-Schutzhaus, das du auf den Bildern siehst, überwintern sogar Igel.

1. Stell dir alle Materialien und Geräte vor dem Bau zusammen. Du benötigst 1–2 stabile Kisten, am besten Weinkisten, die haben eine ideale Größe, eine Holzplatte als Dach, die größer als die Kisten sein sollte, Vlies oder eine Plane, eine Stichsäge oder Handsäge, Hammer und Nägel, eventuell Kabelbinder.

2. Vom unteren Brett an der kurzen Seite schneidest du nun mit der Stichsäge ein Stück raus, damit ein Igel in die Kiste hineinschlüpfen kann. Wenn du zwei Kisten verwenden willst, stellst du sie zusammen und nagelst sie aneinander, verbindest sie mit Kabelbindern oder was du sonst vorrätig hast.
   Nimm nun die Holzplatte, die etwas größer als eine oder zwei Holzkisten sein muss, damit der Unterschlupf gut geschützt ist. Jetzt wird die Platte fest mit Folie oder Vlies umwickelt und angetackert oder genagelt.

3. Befülle die Kisten dicht mit Laub, etwas Gras darf auch dazwischen sein. Das Igelhaus sollte an einem geschützten Platz stehen und natürlich so, dass das Schlupfloch unten am Boden ist. Wenn alles fertig ist, bedeckst du die Kisten mit dem Dach und beschwerst es mit Steinen.

4. Damit das Dach etwas Gefälle bekommt und das Regenwasser ablaufen kann, kannst du flache Steine vorne unter die Kisten legen oder mit Moos oder Erde die Vorderseite etwas erhöhen. Als Wasser- und Fressnapf können zwei Tonuntersetzer dienen.

und wie im Kapitel Sommer (siehe Seite 46) schon beschrieben, im Nest verstaut, außerdem kommen Moos, Gras oder anderes weiches Material dazu. Untersuchungen haben gezeigt, dass die Überlebenschance von Igeln im Winter deutlich steigt, wenn sie ein schützendes, wärmendes Nest haben. Wenn es nicht genügend Unterschlupf und Baumaterial gibt, dann kannst du Igeln in deinem Garten auch ein Winterschlafhaus zur Verfügung stellen. Im Fachhandel gibt es eine gute Auswahl, du kannst aber auch selber eins bauen.

Fotos: Jana Timmermann

Der Winter

Schnarch, schnarch – im Winter passiert nicht viel. Aber schlafen Igel eigentlich durch und woher weiß ein Igel überhaupt, wann es Zeit wird, sich in sein Nest zurückzuziehen?

Schön zusammengerollt und ins Nest gekuschelt, so sieht ein gesunder Winterschlaf aus. Die Natur hat das richtig gut eingerichtet, denn wenn es nichts mehr zu Fressen gibt, würden Igel und andere Wildtiere, die Winterschlaf halten, sterben. Während dieser Zeit stellt sich der Igelorganismus komplett um, alles wird auf ein Minimum runtergefahren. Und so stellt sich der Igelorganismus auf den Winterschlaf ein:

- Die Körpertemperatur sinkt von 36 Grad auf etwa 6 Grad
- Die Herzfrequenz sinkt von 180–250 Schlägen pro Minute auf 8–20 Schläge
- Ein Igel atmet nur noch 3- bis 4-mal pro Minute

Foto: Shutterstock/Christine Kuchem

Fragst du dich das auch?

Woher wissen Igel, dass Schlafenszeit ist?

Das hat wahrscheinlich verschiedene Ursachen: Kälte spielt dabei auf jeden Fall eine Rolle, ab 5 Grad und darunter wird es Zeit, um sich zurückzuziehen. Das muss aber nicht unbedingt im Oktober oder November sein. In Zeiten des Klimawandels dauert der Herbst meistens länger, der Winter setzt später ein, sodass auch Igel später schlafen gehen. Aber auch die kürzeren Tage signalisieren den Winterschlaf, außerdem verändert sich der Hormonhaushalt der Tiere und der Blutzuckerspiegel sinkt.

Fallen alle Igel zur gleichen Zeit in Winterschlaf?

Igelweibchen fallen etwa einen Monat später in den Winterschlaf als Igelmännchen. Die Igelinnen müssen sich erst noch von der anstrengenden Aufzucht ihres Nachwuchses erholen und haben deshalb auch einen gehörigen Nachholbedarf an Futter.

Wachen Igel zwischendurch auch mal auf?

In einem normalen Winter schlummern Igel eingekugelt von November bis März/April. Ab und zu wachen sie zwischendurch kurz auf, suchen nach etwas Fressbarem und rollen sich danach wieder zum Schlafen ein. Vor allem im frühen Frühjahr kannst du manchmal einen Igel auf der Suche nach etwas zu fressen oder zu trinken beobachten. Stell dann eine Wasserschale und eine Schale mit Futter bereit, am besten Trockenfutter, denn das hält sich gut frisch.

Müssen Igel im Winterschlaf auch mal Pipi?

Gute Frage! Manche Igel wachen einmal pro Woche auf, weil sie Urin lassen müssen. Die Fettverbrennung während des Winterschlafs produziert nämlich Wasser. Andere Igel schlafen tatsächlich aber 3–4 Monate durch, ohne einmal Pipi zu machen.

Was muss ich tun, wenn ich einen Igel finde, der aussieht, als sei er tot?

Gar nichts! Das ist ganz wichtig. Du darfst Igel auf keinen Fall stören. Deck sie gut mit Laub zu und stell in die Nähe vom Nest immer regelmäßig eine Schale mit frischem Wasser auf.

Können Igel auch ohne Winterschlaf zurechtkommen?

Nein, der Winterschlaf ist nämlich sehr wichtig im Leben eines Wildtiers. Wenn du einen Igel im Haus bei zu hohen Temperaturen über den Winter bringen willst, hat er es im Frühjahr extrem schwer sich zurechtzufinden, wahrscheinlich wird so ein Igel sogar sterben. Kein Winterschlaf bedeutet richtig viel Stress. Igel in Gefangenschaft verweigern dann sogar die Nahrung oder versuchen auszubrechen.

Sterben Igel, wenn es sehr kalt wird?

Die Körpertemperatur von Igeln sinkt zwar während des Winterschlafs extrem ab, sie darf aber niemals unter 1 Grad fallen, sonst sterben Igel wirklich. Das ist auch der Grund dafür, dass Igel so viel Wert auf ein gut isoliertes Winternest legen. Selbst wenn es draußen -15 Grad kalt ist, darf es im Nest nicht kälter als 0 Grad werden.

Foto: Karin Unzeitig

ARBEITSKREIS IGELSCHUTZ BERLIN E.V.

Igel gibt es nicht nur auf dem Land, sondern auch in der Stadt. Sie sind ganz ähnlichen Gefahren ausgesetzt und durch immer enger werdende Lebensräume gefährdet.

1982 wurde der Arbeitskreis Igelschutz Berlin e.V. gegründet und arbeitet seither als eingetragener, gemeinnützig, ehrenamtlich arbeitender Verein mit 250 Mitglieder im Land Berlin und Umgebung. Der Arbeitskreis betreibt durch seine erfahrenen Mitglieder ehrenamtlich geführte Igelstationen, die wie ein Krankenhaus funktionieren. Dort werden kranke, verletzte und untergewichtige Tiere behandelt und betreut, bis sie wieder in die Freiheit entlassen werden können. Ab spätestens November oder je nach Witterung im Herbst werden die Igel bis zum Frühjahr in den Igelstationen oder bei Igelpaten überwintert.

Gabriele Gaede ist Gründungsmitglied und kümmert sich seit etwa 38 Jahren um Igel.

Liebe Frau Gaede, wie sind sie denn auf den Igel gekommen und wie hat sich das alles mit der Igelstation entwickelt?
Meine Kinder hatten einen Igel aus der Schule mitgenommen und wollten ihn im Garten auswildern. Da konnte ich nicht „Nein" sagen. Das war sozusagen der „Startschuss". Aus einem Igel wurden dann immer mehr, wir bekamen verletzte, kranke Tiere und im Herbst und Winter untergewichtige, die mein Mann und ich wieder aufgepäppelt und dann auch im Keller überwintert haben. Bei uns in Berlin gibt es schon sehr lange Igel, sie leben in Gärten, Parks und auf Sportplätzen. Aber es wird so viel gebaut, dass die Reviere immer begrenzter werden. Mittlerweile gibt es eine Igelstation in Brandenburg-Neu-

Foto: Gabriele Gaede

zelle und eine in Berlin-Hermsdorf. Da haben wir jetzt einen richtigen Laden als Anlaufstelle, denn bei mir im Haus wurde das alles mit der Zeit einfach zu eng. 40 Boxen stehen allein in Hermsdorf für kranke, verletzte und untergewichtige Tiere zur Verfügung. In der Hochsaison, die im Herbst beginnt, haben wir bis zu 60 Igel in der Station.

Wie läuft das ab, wenn jemand einen kranken oder unterernährten Igel findet?
Die Menschen rufen erst einmal bei uns an, dann kann im Gespräch schon eine Menge geklärt werden. Meistens müssen sie die Tiere aber vorbeibringen und wir entscheiden, ob der Igel da bleibt oder eventuell im Garten, Gartenhäuschen oder sogar auf dem Balkon überwintern kann.
Das Tier wird dann untersucht, Kotuntersuchungen und vieles andere machen wir selber. Bei schlimmen Verletzungen müssen wir allerdings einen Tierarzt aufsuchen. Die Igel werden entwurmt, von allem möglichen Ungeziefer befreit und gefüttert. Außerdem halten wir alle Daten auf Karteikarten fest: Wer hat das Tier gebracht, wann wurde es gebracht, Voruntersuchungen und die Behandlung und ob die Finder bereit sind, das Tier im Garten wieder auszuwildern beziehungsweise ob eine Möglichkeit besteht, den Igel zu überwintern.

Und wann kommen die meisten Igel zu Ihnen?
Es geht schon im April los mit den ersten Igeln, die uns gebracht werden. Die Menschen räumen ihre Gärten auf und finden schlafende Igel unter Büschen oder im Gestrüpp. Wer vernünftig ist, lässt das Nest dann unberührt, damit die Tiere weiterschlafen können, meistens werden wir aber angerufen und gefragt, was zu tun ist. Gerade auch im öffentlichen Bereich wird nicht auf die Natur geachtet, sondern viel zu früh z.B. in Parks Hecken und Sträuchern geschnitten, gemäht und aufgeräumt. Dadurch werden die Igel nicht nur aus dem Winterschlaf gerissen, sondern oft auch verletzt.
Auch im Sommer bekommen wir viele verletzte Tiere, die vom Rasenmäher oder Rasenroboter überrollt wurden, aber auch dehydrierte oder vom Fuchs angegriffene Igel sind dabei. Und auch Igelbabys bekommen wir in den Sommermonaten, manchmal kriegen wir gleich einen ganzen Wurf. Nicht immer sind die Igeljungen in Gefahr. Besser ist es, erstmal eine Stunde zu warten, bevor man sie aufnimmt. Meistens ist die Igelmutter noch auf Futtersuche und kommt wieder zurück. Wenn Sie ein Igelbaby sehen, heißt es deshalb erstmal: Ruhe bewahren und abwarten.

Du möchtest den Arbeitskreis Igelschutz Berlin e.V. unterstützen?
Dann schau mal auf der Website vorbei: https://www.igelschutzberlin.com

Foto: Shutterstock/Coatesy

Ab Herbst sind es dann vor allem die unterernährten Igel, die zu uns kommen. Sie werden z.B. mit Katzenfutter-Pastete aufgepäppelt, die wir mit Vitaminen und Kalk anreichern, außerdem bekommen die Tiere Rühreier, gekochtes Hühnerfleisch und auch Trockenfutter, also alles Ersatznahrung, die es in der Natur nicht gibt. Bevor ein Igel nicht mindestens 500–600 g wiegt, kann er nicht in Winterschlaf gehen.

Hat eigentlich der Klimawandel einen Einfluss auf die Lebensweise der Igel, haben Sie davon etwas bemerkt?

Ich denke schon. Es scheint so, als würde alles später im Jahr ablaufen. Wir bekommen noch Ende Oktober Jungtiere mit unter 100 g Körpergewicht, die gehen dann mitunter erst im Januar in den Winterschlaf, wenn sie genug Fettpolster gebildet haben. Dann wachen die Tiere auch später auf, müssen sich wieder etwas anfressen, bevor sie auf Brautschau gehen.

Wie überwintert man einen Igel auf dem Balkon?

Das ist gar nicht so schwierig. Auf einem großen Balkon geht das ganz gut. So ein Igel braucht ja nicht viel Platz. Man stellt an einer geschützten Ecke ein gut gepolstertes Igelhaus auf, das vor Frost geschützt sein muss – mehr ist nicht nötig.

Und wie werden die Igel dann ausgewildert?

Wir schauen uns die Gärten vorher ganz genau an. Es müssen Büsche und Hecken vorhanden sein, die Zäune müssen durchlässig sein, Ausstiegsmöglichkeiten aus Wasserstellen, z.B. einem Teich sollten gegeben sein, die Kellertreppen gesichert, all sowas. Naturbelassene Gärten sind Voraussetzung, oder möchten Sie als Igel in einen Garten kommen, wo der Rasen mit der Nagelschere geschnitten wird?

Was wünschen Sie sich für Ihre Igelstation?

Wir hoffen, dass wir durch unseren Laden mehr junge Leute ansprechen können, die sich für die Igelhilfe engagieren wollen. Der Nachwuchs fehlt einfach und auch die finanzielle Unterstützung. Arztkosten, Futter, Fahrten und alle möglichen Materialien – das alles habe ich jahrelang selbst bezahlt. Durch den Verein wird jetzt aber vieles abgedeckt. Anderen Igelstationen und -hilfen wird es da sicher ähnlich gehen.

KLEINES IGEL-FUTTER-QUIZ

Was stimmt? Kreuze die richtigen Antworten an. Alle Informationen dazu findest du im Buch.

1. Was fressen Igel am liebsten

a. Obst
b. Insekten
c. Gras

2. Wie viel Kilokalorien muss ein 700 g schwerer Igel ungefähr täglich zu sich nehmen?

a. 50 Kilokalorien
b. 500 Kilokalorien
c. 140 Kilokalorien

3. Wie testen Igel, ob etwas fressbar ist oder besser liegen bleiben sollte?

a. Sie betrachten den Gegenstand sorgfältig.
b. Sie speicheln den Gegenstand ein und schmatzen kräftig.
c. Sie treten darauf herum.

4. Was darfst du Igel füttern?

a. Milch
b. Rührei oder hartgekochte Eier
c. Schokolade

5. Was sollte ein gesunder Igel vor dem Winterschlaf wiegen?

a. 600 Gramm
b. 400 Gramm
c. 1000 Gramm

6. Was musst du einem Igel zu Trockenfutter bereitstellen?

a. Nassfutter
b. Obst
c. Wasser

7. Warum ist es nicht gut, Igeln ständig zu füttern?

a. Weil sie dann keine Lust mehr an dem Futter haben
b. Weil sie faul werden und zu viel fressen
c. Weil sie das Futter dann in der Gegend herumschmeißen

8. Worauf musst du beim Füttern besonders achten?

a. Dass alles schön angerichtet ist
b. Dass du sehr sauber arbeitest und die Töpfe immer auswäschst
c. Dass du alles gut mit den Händen vermischst

9. Was musst du beachten, wenn du Katzenfutter fütterst?

a. Es darf keine Soße oder Gelatine enthalten
b. Es sollte nur vegetarisch sein
c. Katzenfutter darf man nicht füttern

Mach dich schlau!

Igel kennen ihre Reviere sehr gut und scheinen eine Art Navi im Kopf zu haben. Sie merken sich besondere Punkte wie Hindernisse, Durchlässe, Feldwege und kommen so Jahr für Jahr an ihre Wasser- und Futterstellen.

Foto: Okapia

4

GANZ SCHÖN GEFÄHRLICH

Mensch! Pass auf den Igel auf

Da der Mähroboter, dort das Auto, an der einen Ecke der Plastikmüllsack, an einer anderen der ungesicherte Kellerschacht - es gibt jede Menge Gefahren, in die sich ein Igel, ohne es zu ahnen, hineinbegeben kann. Mach den Check in deiner Umgebung und rette Igelleben!

Viele Igel sterben, z.B. aufgrund von Krankheiten, im Jugendalter, durch natürliche Feinde wie Fuchs und Dachs. Das ist im Kreislauf der Natur so vorgesehen und bedroht die Igelpopulation meistens nicht. Es wird aber brenzlig, wenn wir Menschen ins Spiel kommen, mit unseren Autos, Rasenmähern, Müllsäcken und Pflanzenschutzmitteln. Es könnte für Igel so manches Schild mit Vorsicht Gefahr! im Garten, auf der Straße, in der Natur aufgestellt werden.

Mach dich schlau!

Es kann nur geschätzt werden, wie viele Igel jährlich tatsächlich im Straßenverkehr ums Leben kommen. Es gibt allerdings Hinweise, dass in Siedlungsräumen, die sehr von Straßen durchzogen sind, ganze Igelpopulationen aussterben können.

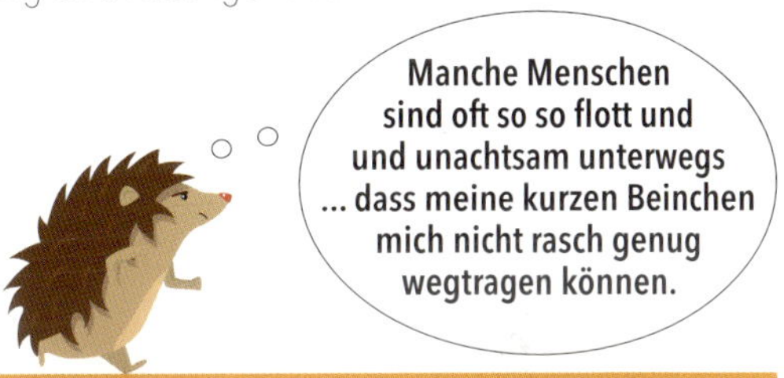

Du kannst helfen

Die gute Nachricht: Viele Gefahren für Igel kannst du mit wenig Aufwand vermeiden. Die Checkliste auf Seite 62 kannst du mit deiner Familie durcharbeiten und so dein Umfeld für Igel sicherer machen.

Die Krux mit der Straße

Laut Deutscher Wildtierstiftung (https://www.deutsche-wildtierstiftung.de/wildtiere/igel) fallen jährlich etwa eine halbe Million Igel dem Straßenverkehr zum Opfer. Unser Leben ist ohne Straßen nicht denkbar: Wir benutzen sie täglich, um mit dem Auto von zuhause zur Arbeit zu fahren, zum Einkaufen, um Freunde zu besuchen oder ins Kino zu kommen. Straßen durchtrennen Wiesen und Fluren – die Lebensräume der Igel. Also müssen Igel sie überqueren, z.B. um eine Partnerin zu finden. Und im Liebesrausch – den lernt wohl jeder mal kennen – wird man ganz schön unvernünftig.

So kommen gerade zur Paarungszeit im Frühjahr viele männliche Igel durch den Straßenverkehr ums Leben. Aber auch im Herbst, wenn die unerfahrenen Jungigel unterwegs sind, ist die Sterberate hoch.

Das kannst du tun:

- Denke daran, dass Igel vor allem in Siedlungsräumen, also in der Nähe von Menschen wohnen und dass sie hauptsächlich in der Abenddämmerung und nachts unterwegs sind. Auf einsamen Waldstraßen begegnen uns eher Rehe und andere Waldtiere, auf den Straßen in deinem Siedlungsgebiet ist es viel wahrscheinlicher, dass du einen Igel triffst.
- Fahre mit dem Auto abends und nachts den Sichtverhältnissen angepasst und immer so schnell, dass du die Straße im Blick hast.
- Wenn ein Igel die Straße überquert, dann bleibe geduldig und warte, bis er die andere Straßenseite überquert hat.
- Blende das Fernlicht und: Nicht hupen! Das bringt gar nichts, du erschreckst den Igel nur.
- Und wenn der Igel auf der Straße sitzen bleibt? Dann kannst du dein Auto am Straßenrand parken und den Igel mit Handschuhen oder einem Handtuch gewappnet vorsichtig aufnehmen und kannst ihn über die Straße tragen. Denke aber immer daran, dass deine Sicherheit und die der anderen Verkehrsteilnehmer vorgeht.

Vorsicht bei der Gartenarbeit

Im Frühjahr geht's los mit den Gartenarbeiten: Hecken schneiden, Laubhaufen entsorgen, vertrocknete Gräser abschneiden, also alles fit machen für die Gartensaison. Igeln passt das frühe Aufräumen schon im März oder Anfang April gar nicht in den Kram. Vielleicht liegen sie im Laubhaufen oder haben ihren Schlafplatz unter einer Hecke und schlummern noch tief und fest. Dann werden sie aus ihrem Winterschlaf gerissen, finden erstmal nicht genug Nahrung und haben einen ganz schlechten Start. Von Natur aus ist es nämlich so eingerichtet, dass Igel erst dann aufwachen, wenn es genug zu futtern gibt und die Lieblingsspeisen, wie Insekten und Käfer, aufgetischt sind. Und das kann mitunter bis Mitte April dauern.

Hoffentlich hat der Igel Glück und kommt wohlbehalten über die Straße.

Foto: Shutterstock/Elena Sherengovskaya

Bitte Vorsicht! Unter dem Laub kann ein Igel schlummern.

Das rät Manuela Martin von der Igelhilfe E/igeltingen

- Bitte vermeide wenn möglich den Einsatz von Heugabeln, Rasentrimmern oder ähnlichen Gartengeräten, sie können schlimmste Verletzungen bei den Igeln verursachen!
- Wenn du solche Geräte verwendest, dann nicht direkt auf dem Boden kratzen, sondern nur im oberen Bereich bis ca. 30 Zentimeter zum Boden.
- Wer unbedingt Ordnung schaffen will, sollte dafür lieber einen Rechen verwenden und sehr vorsichtig vorgehen.
- Solltest du doch versehentlich das „Schlafzimmer" eines Igels entdecken, verschließe es vorsichtig wieder und räume dem Igel noch ein paar Wochen Zeit für einen freiwilligen Auszug ein. Seine Mietschulden wird er nach Erwachen sicher mit der Beseitigung von Schnecken und anderen eher unerwünschten Tierchen begleichen.
- Und noch was: Bevor du Asthaufen verbrennst, bitte umschichten, auch hier können Igel darunter sein!

Technik? Bitte vorsichtig!

Technik macht das Leben leichter – stimmt, oft zumindest. Im Garten müssen die eigenen Wünsche nach Sauberkeit und Ordnung allerdings mit den anderen Gartenbewohnern, also Igel & Co., abgestimmt werden.

Igel schlummern tagsüber auch mal im hohen Gras, unter Hecken oder im Laub. Und weil sie keine Fluchttiere sind, laufen sie bei Gefahr meistens nicht weg, sondern rollen sich zusammen. Und genau diese Igel-Eigenschaften werden ihnen dann zum Verhängnis. Motorsensen, Rasentrimmer, Laubsauger, Rasenmäher – solche Geräte können Igeln wirklich schlimme Verletzungen zufügen.

Das sagt Melanie Bauer von der Igelstation Riederich

Verletzungen durch Rasenmäher, Rasenroboter oder Motorsensen sind meistens so schlimm, dass wir den Igeln in der Igelstation nicht mehr helfen können und meistens auch kein Tierarzt. Die Igel müssen dann eingeschläfert werden.

Foto: Shutterstock/Bildagentur Zoonar GmbH

Nützliches Gerät, für Igel aber sehr gefährlich: Die Motorsense

Foto: Manuela Martin

Gefährlich für neugierige Igel: Herumliegende Dosen und Plastiksäcke.

TIPP von Manuela Martin von der Igelhilfe E/igeltingen

Mach den „Apfel-Test". Lege dazu einen 200 Gramm schweren Apfel ins Gras und beobachte, ob der Mähroboter über das Hindernis oder drum herum fährt. Stell dem Igel zuliebe einen Bodenabstand von 4,5 Zentimetern oder weniger ein!

Das kannst du tun:

- Richtig gefährlich sind Mähroboter, die ständig auf dem Rasen hin und her fahren, vor allem für junge Igel. Wie auch beim Rasenmäher sollte der Abstand zum Boden so gering wie möglich sein. Außerdem lohnt es sich, wenn du vor dem Mähen kontrollierst, ob irgendwo ein Igel in der Nähe ist. Am besten mähst du nicht später als 16 Uhr, auf jeden Fall vor der Abenddämmerung, bevor die Igel wieder auf die Jagd gehen.
- Unter Hecken und Büschen solltest du wenn möglich nicht mähen. Muss es doch unbedingt sein, dann überprüfe zunächst vorsichtig, z.B. mit einem Rechen, ob sich im Dickicht ein Igel versteckt hat, um dort den Tag zu verschlafen.
- Laubsauger müssen im Privatgarten eigentlich gar nicht eingesetzt werden. Sie verletzten Igel zwar meistens nicht, zerstören aber ihre Verstecke und nützliches Nestmaterial, außerdem saugen sie auch viele Insekten und andere Kleintiere ein.

Die Sache mit dem Plastiksack

Igel riechen und hören gut, sehen können sie dagegen ziemlich schlecht. Wenn sie also nachts auf Nahrungssuche durch Gärten streifen und schon mal auf der Straße umherwandern und um die Häuser ziehen, steigt ihnen womöglich der Duft von allerlei vermeintlichen Leckereien in die hochsensible Nase. Ein gelber Sack liegt dann vor ihnen und der muss natürlich erkundet und überprüft werden. Sie krabbeln in die Säcke hinein

Das rät Manuela Martin von der Igelhilfe E/igeltingen

- **Stell die gelben Säcke erhöht auf eine Mauer, leg sie auf die Mülltonne oder häng die Säcke an den Zaun.**
- **Stell gelbe Säcke möglichst erst kurz vor der Abholung am Abfuhrtag nach draußen.**
- **Die Wertstoffsäcke z. B. in einem Laubsack sammeln und höher lagern, damit die Igel die gelben Säcke nicht aufbeißen können.**

Unternimm mal was!

Auch achtlos weggeworfener Müll kann Igeln und vielen anderen Wildtieren schaden. Mach eine Müllsammelaktion mit Freunden oder der Familie. Den Müll kannst du bestimmt auf dem gemeindlichen Bauhof kostenlos abgeben.

und stecken ihre Nasen in Dosen und Joghurtbecher. Aber das kann übel ausgehen: Die Stachelritter verheddern sich vielleicht im Sack und finden nicht mehr hinaus, sie können mit der Nase in Behältern stecken bleiben, sich Krankheiten einfangen oder Schnittverletzungen zuziehen. Und wenn die kleinen Wildtiere im Sack entsorgt werden, sterben sie tatsächlich einen ziemlich grausamen Tod.

Tu etwas Nützliches: Müll sammeln ist gut für die Umwelt.

Foto: Shutterstock/Ermolaev Alexander

Gefahrencheck rund ums Haus

Am Haus und im Garten gibt es viel mehr Gefahrenstellen, als du wahrscheinlich vermutest. Neben gefährlichen Gartengeräten und der Straße sind es z.B. Kellerschächte, Treppen, Gräben und Löcher, Teiche oder Swimmingpools, die den stacheligen Gesellen zum Verhängnis werden können.

Besonders tückisch sind auch Weidezäune und Vogelnetze, beziehungsweise alle Arten von Abdecknetzen, um die Pflanzen zu schützen. Vielleicht kennst du die orangen großmaschigen Netze, die um Weiden gezogen werden. Auf den ersten Blick denkt man: Da kommt ein Igel auf jeden Fall durch. Falsch gedacht! Die Tiere bleiben mit ihren Stacheln darin hängen und kommen dann nicht mehr los. Wenn die Zäune auch noch Strom führen, sterben die Igel sehr qualvoll. Ähnliches passiert, wenn du Vogelschutze beispielsweise über Johannisbeersträucher legst, die auf der Erde nicht straff gespannt sind. Igel laufen hinein, verheddern sich und kommen ohne Hilfe nicht mehr raus.

Von Schneckenkorn bis Milch

Mit den Schnecken haben wir Gärtnerinnen und Gärtner schon unsere Plage: Sie fressen den Salat, machen sich über frisch Gepflanztes oder gerade aufgegangene Aussaaten her; da kann man schon mal an Bekämpfungsmaßnahmen wie Schneckenkorn denken. Glücklicherweise gibt es aber viele Methoden, die wirklich nervigen Arten wie z.B. die Spanische Wegschnecke in ihre Schranken zu weisen. Da gibt es

Check mal, wie du Igeln helfen kannst

Gefahrenquelle	Das kannst du tun
Vogelnetze	Keine Netze rumliegen lassen, Netze bodennah fest spannen, damit Igel sich nicht verfangen können.
Kellerschächte, Gruben	Schächte und Gruben kannst du mit engmaschigen Gittern abdecken.
Teiche	Gartenteiche und Schwimmbecken mit schräggestellten Brettern mit Querleisten versehen oder flache Uferzonen und Rettungsinseln schaffen.
Regentonnen	In den Boden eingelassene Tonnen oder Behälter gut abdecken.
Pestizide wie Schneckenkorn	Verzichte auf synthetische Pestizide.
Weidezäune	Lieber keine orangen Zaunsysteme verwenden. Besser sind Holzumrandungen oder normale Zaundrähte, die mindestens 10 Zentimeter Bodenabstand haben, damit Igel durchlaufen können.
Zu dichte Zäune	Lass auch mal ein Loch im Zaun und spanne Drahtzäune nicht zu fest am Boden.
Feuer	Bevor du Gartenabfälle anzündest, bitte den Haufen erstmal vorsichtig wenden und Igel weglaufen lassen.
Herumliegender Abfall	Lass keine Plastikbecher, Dosen oder gelbe Säcke rumliegen. Besser die Säcke erhöht stellen.
Mähroboter und Motorsensen	Mähroboter sollten so tief wie möglich eingestellt werden, Motorsensen hingegen höher führen, um keine Igel zu erwischen. Nur tagsüber arbeiten, nicht in der Dämmerung. Prüfe vorher, ob sich nicht im Gras ein Igel versteckt.
Treppen	Gartentreppen kannst du mit einer Fahrradrampe versehen oder Ziegelsteine als Zwischentritte legen, damit Igel die Treppen überwinden können.
Autos	In der Dämmerung und nachts langsamer fahren und auf Igel Acht geben. Lass ihnen Zeit, die Straße zu überqueren.

Foto: Shutterstock/Labrador Photo Video

Nicht vergessen: Igel dürfen keine Milch trinken, sondern nur Wasser.

TIPP vom Arbeitskreis Igelschutz Berlin e.V.

Igel sind gute Schwimmer, gibt es aber keine Ausstiegsmöglichkeiten, kann auch der beste Schwimmer ertrinken. Wenn du einen Gartenteich neu anlegst, dann plane gleich eine Sumpfzone mit ein.

Schneckenzäune und Barrieren, du kannst die Tiere absammeln – mit Giften wie Metaldehyd, die auch Igel schädigen, musst du deshalb nicht hantieren.

Fast wie ein Gift wirkt übrigens auch Milch. Selbst wenn du nur das Beste im Sinn hast, bitte niemals Igeln Milch zum Trinken anbieten. Sie trinken sie nämlich, obwohl der Körper die enthaltene Laktose nicht verdauen kann – der Igel bekommt dann Magenkrämpfe und Durchfall.

Igel sind Wildtiere, das weißt du ja schon, sie lieben ihre Freiheit und brauchen ein großes Revier. Das ist auch deshalb wichtig, weil sie nicht aktiv nach einer Beute jagen, sondern futtern, was ihnen vor die Schnauze kommt. Sie einzusperren, ist deshalb gar nicht sinnvoll.

Das kann unwissentlich passieren, wenn sie im Gartenhäuschen Unterschlupf gesucht haben und die Tür zugesperrt wurde, es ist aber auch möglich, dass der Gartenzaun so sorgfältig gezogen wurde, dass es keinen Durchschlupf gibt.

Bleib locker, vor allem was den Zaun angeht, damit die Tiere drunter durchkriechen können oder schneid ein paar Löcher bodennah in das Geflecht. Ein Durchgang von etwa zwölf auf zwölf Zentimeter genügt.

Du kannst helfen

Mach dich alle paar Tage auf den Weg rund ums Haus und schau auch im Garten nach, ob sich irgendwo ein Igel in eine ausweglose Situation manövriert hat und deine Hilfe braucht.

Foto: Shutterstock/Tomas Hilger

Igelstacheln können einem Uhu nichts anhaben.

Tierische Feinde

Wer so einen stacheligen Panzer hat wie der Igel, wird nicht so leicht angegriffen, ein paar Feinde gibt es aber doch, vor denen sich der Stachelritter in Acht nehmen muss: Uhu, Dachs und Marder gehören dazu.

Gefahr in Sicht? In Sekundenschnelle rollt sich der Igel dann zu einer Kugel ein und ist richtig gut geschützt. Für einige Tiere sind Igel aber trotz Stachelkleid ein leckerer Schmaus. Sie haben ihre Techniken ausgefeilt, um die pieksenden Stacheln zu überwinden.

Höchste Gefahr besteht, wenn die ebenfalls nachtaktiven Dachse, Uhus oder Füchse den Igeln zu nahe kommen.

Igel und Dachs sind direkte Nahrungskonkurrenten: Beide fressen gern Insekten und suchen daher an denselben Stellen nach Fressbarem. Wenn Igel in einem Gebiet einen Dachs wittern, ziehen sie sofort ab, das haben sogar Studien belegt. Wenn es aber zu wenig Nahrung gibt, kann ein Igel kaum ausweichen.

Auch für Uhus sind Igel eine lohnende Beute, aber nicht wirklich eine Gefahr, denn so viele Uhupaare gibt es nicht mehr. Gegen die großen Eulentiere hilft dem Igel auch das sonst bewährte Einrollen nichts. Mit ihren langen Krallen können die Vögel nämlich problemlos das Stachelkleid der Igel packen, ohne sich selbst dabei zu verletzen.

Füchse und Marder haben scharfe Zähne und können gut zubeißen. Wenn sie kranke oder geschwächte Igel finden, sind die eine leichte Beute.

Und dein Haustier?

Neugierige Hunde und Katzen machen erstmal eher schmerzhafte Bekanntschaft mit einem Igel; gut so, denn dann lassen sie die Wildtiere schnell wieder in Ruhe.

Trotzdem musst du aufpassen, vor allem wenn Jungigel unterwegs sind oder ein Nest mit Igelbabys im Garten ist. Die Kleinen haben noch keine ausgeprägten Schutzmechanismen entwickelt, können sich anfangs auch noch nicht zur Kugel einrollen und werden dann leichte Beute für Hunde und Katzen. Hunde buddeln Igel im Winterschlaf auch manchmal aus und verletzen sie dabei oder töten sie sogar. Hab ein Auge auf deine Haustiere und greif in Gefahrensituationen schnell ein.

Foto: Shutterstock/Tim Russon

Foto: Shutterstock/Colin Seddon

Bild oben: Für Marder sind nur verletzte oder kranke Igel interessant, die sich nicht mehr ganz zusammenrollen können. Bild links: So ein Dachs kann einem Igel ganz schön gefährlich werden.

NOCH EIN KLEINES IGEL-QUIZ

Teste dein Wissen über Igel und verbinde die zusammengehörenden Satzteile mit einer Linie.

1. Igel gehören zu den …	**a.** … ungefähr 6.000 – 8.000 Stacheln.
2. Im Sommer baut sich der Igel ein Nest …	**b.** … Uhu, Fuchs und Dachs.
3. Ein ausgewachsener Igel hat …	**c.** … in Osteuropa.
4. Männliche Igel sind …	**d.** … ausreichend Fettreserven für den Winterschlaf zu haben.
5. Zu den natürlichen Feinden des Igels gehören …	**e.** … Insektenfressern.
6. Der Weißbrustigel lebt …	**f.** … in Westeuropa.
7. Igel fressen sich im Herbst einen Winterspeck an um …	**g.** … im hohen Gras.
8. Wenn sich Igel bedroht fühlen …	**h.** … Schnecken, Insekten und Würmer.
9. Der Braunbrustigel lebt …	**i.** … etwas größer als Igelweibchen
10. Zu den Lieblingsspeisen eines Igels gehören …	**j.** … rollen sie sich zu einer Kugel zusammen.

IGELHILFE – EIGELTINGEN MIT MANUELA MARTIN

Seit vier Jahren kümmert sich Manuela Martin ehrenamtlich um verletzte, verwaiste und kranke Igel im baden-württembergischen Eigeltingen. Sie päppelt mit ihren zehn „Spontanhelfern" die Tiere auf, überwintert sie, sucht Plätze zum Auswildern.

Foto: Manuela Martin

Manuela Martin (Mitte) und ihr Team.

Liebe Frau Martin, wann werden Ihnen im Jahresverlauf verletzte, kranke oder untergewichtige Igel gebracht?

Bei uns ist das ganze Jahr etwas los. Vor vier Jahren habe ich mit Überwinterung und Auswilderung angefangen, und zwar über eine Wildtierstation. Jetzt werden mir oft Igel gebracht, z.B. gestern wurde ein Igel in der Hofeinfahrt gefunden, dehydriert und abgemagert.

Im Herbst kommen die Jungigel, die zu wenig Gewicht haben, z.B. im November mit 100 Gramm, sie müssen für den Winterschlaf aber mindestens 550–600 Gramm haben. Igel, die unterernährt schlafen gehen, die kriegen wir dann im Dezember, Januar und Februar. Die Igel haben Hunger, werden wach und rennen umher. Im Januar habe ich ca. 25 Igel bekommen, die unter 200 Gramm schwer waren.

Jetzt gerade im Mai kriegen wir viele dehydrierte, unterernährte Igel, das ist unglaublich. Manchmal ist so ein Tier dann nur noch Stachelkleid und Knochen. Deshalb empfehle ich auch die Ganzjahresfütterung. Wenn man weiß, dass Igel im Garten sind, kann man immer etwas Trockenfutter und Wasser zur Verfügung stellen. Auch im Winter wachen die Tiere manchmal auf und suchen etwas Trinkbares und Nahrung.

Von April bis Juni ist die Zeit der Mähroboter und Fadenmäher, da kommen Igel mit katastrophalen Verletzungen zu uns. Wenn das Gras hoch ist, sitzen Igel nämlich nicht nur in Büschen und Hecken, sondern auch im Gras. Ich empfehle, beim Mähen mit Fadenmäher bzw. Motorsense erstmal auf 30 Zentimeter runterzugehen, und dann in einem zweiten Mähgang tiefer zu stellen; die Mähroboter aber so tief wie möglich einzustellen, damit die Igel nicht drunter kommen. Roboter sollten nur zwischen 9.00 – 17.00 Uhr laufen! Zu den Zeiten des Nachwuchses befinden sich auch schon mal neugierige, kleine Igelkinder auf dem Rasen!

Im August bekommen wir vor allem die Igelbabys, letztes Jahr war das schon Ende Juni, das war sehr früh. Die Igelmütter müssen jetzt weite Wege gehen, um Nahrung für die Kleinen zu finden und werden dabei häufiger überfahren. Deshalb empfehle ich ja auch Igel zuzufüttern, damit sie nicht so weit laufen müssen. Wenn die Babys nicht gefunden werden, geht der ganze Wurf mit 6–7 Babys zugrunde.

Foto: Manuela Martin

Zu klein und dünn, um durch den Winter zu kommen.

Foto: Manuela Mertin

3 Igelbabys; das kleinste wiegt 24 Gramm.

Foto:Manuela Martin

Zecken, Maden & Co. quälen den Igel. Sie werden entfernt.

Foto: Manuela Martin

Wo bringen Sie die Igel unter und was passiert, wenn die Tiere wieder gesund oder aus dem Winterschlaf aufgewacht sind?
Wir haben einen speziellen Raum außerhalb der Wohnung, Igel sind nämlich sehr geruchsintensiv. Es gibt hier Boxen für die Tiere, außerdem habe ich noch einen Carportraum für den Winterschlaf. Meine große Hilfe für Notfälle ist Sandra, die Überwinterungsquartiere für 10–20 Igel zur Verfügung stellt. Außerdem habe ich noch ca. zehn Helferinnen und Helfer, die spontan Arbeit übernehmen. Und ich kooperiere mit anderen Igelhilfen, wie z. B. Bad Dürrheim, Markdorf, Baienfurt.

Wenn kranke oder verletzte Tiere vom Tierarzt kommen, werden sie erstmal aufgepäppelt und kommen dann so schnell wie möglich in ein Außengehege, damit auch der Wildinstinkt schnell wieder erwacht bzw. erhalten bleibt. Zunächst wird auch tagsüber Nahrung angeboten, wenn die Igel aber eine Wiese unter sich haben, fangen sie auch wieder an, nach Insekten zu suchen. Sind die Igel dann stabil und austherapiert oder nach dem Winterschlaf schwer genug, dann wird tagsüber nicht mehr gefüttert, nur noch nachts. Sie bekommen Wachsmottenlarven oder Heimchen; auch dadurch wird der Wildinstinkt aktiviert.

Und wie funktioniert das mit dem Auswildern?
Bei den Igeln klappt das Auswildern sehr gut, vor allen in ländlichen Gebieten. Igel entwöhnen sich schnell wieder vom Menschen, fangen dann an zu graben, um aus dem Gehege herauszukommen. Dann nehmen wir schon bekannte Auswilderungsplätze z.B. bei Menschen, die große Naturgärten haben und die Aufgabe gerne übernehmen, oder auch auf Reiterhöfen. Oder wir suchen neue Plätze, wo die Igel nochmal ein paar Tage in einem Gehege bleiben und dann entlassen werden.

Ich habe auch schon Igel bei mir ausgewildert, die die auch später noch zum Fressen zu mir kommen, aber zu viele Igel darf man nicht haben, sonst rivalisieren sie z.B. in der Paarungszeit.

Auswildern heißt: Gehege aufbauen, Menschen instruieren über die Versorgung und Fütterung von Igeln, Gehege abbauen, mit Rat und Tat zur Seite stehen! Auswildern heißt nicht: Aussetzen im Wald!

Wie finde ich heraus, ob ein oder vielleicht sogar mehrere Igel im Garten sind?
Wenn Igel gesund sind, dann sieht man die wirklich nicht. Sie können aber beispielsweise im Frühjahr bis Ende Mai Futter aufstellen. Ein spezielles Igel-Futterhaus ist dafür sehr gut geeignet. Die Häuschen kann man kaufen oder selber bauen. Die Futterhäuser sind ähnlich wie die Schlafhäuser, brauchen aber keinen Boden. Der Eingang sollte zehn auf zehn Zentimeter sein, über einen ums Eck laufenden Gang gelangen die Igel zum Futter. Damit vermeiden Sie, dass ungebetene Gäste ins Futterhaus gelangen. Wenn dann vor der Futterstelle oder vor dem Häuschen dunkelbraune bis schwarze Würstchen liegen, dann war höchstwahrscheinlich ein Igel da. Sie hinterlas-

Fotos: Manuela Martin

Das ist Daisy ! Unsere stachellose Igelin ist in ihr Winterquartier eingezogen! Nach langwieriger Behandlung hat sie nun wieder Stacheln bekommen! Wir wünschen ihr einen guten Winterschlaf! Danke an Karin von der Tierhilfe Igelherz für die großartige Unterstützung und fachkundige Beratung!

sen ihren Kot immer in der Nähe der Futterstelle. Außerdem wühlen sie auch im Futternapf rum und hinterlassen mitunter eine Sauerei. Man kann auch eine Wildkamera in der Nähe vom Futterhaus aufstellen.

Zu mir kommen immer Igel zum Fressen. Die einen sind Punkt neun Uhr abends an der Futterstelle, dann gibt's welche die kommen zwischen zwei und drei Uhr, andere kommen zwischen fünf und sechs Uhr. Um sechs Uhr ziehen sie sich zurück und gehen in ihre Schlafnester.

Warum Ganzjahresfütterung?

Meine Erfahrung ist: Die Männchen verschwinden oft schon im September in den Winterschlaf, die lassen dann den Weibchen und den Jungtieren das Restfutter, weil das ja weniger wird. Ende Oktober gehen die Weibchen in den Winterschlaf und dann rennen die 100–300 Gramm schweren Jungigel noch umher. Wenn man dann aufhört mit füttern, dann trifft das die Jungigel, die wir ja brauchen, um die Population zu erhalten. Wenn sie bis in den November genug zu fressen finden und 550–600 Gramm schwer sind, können sie draußen in Winterschlaf gehen, ansonsten werden die Igel bei uns aufgepäppelt und überwintern hier, bis sie im Frühjahr ausgewildert werden.

Haben Sie den Eindruck, dass der Klimawandel einen Einfluss auf das Igelleben hat?

Die saisonale Verschiebung macht den Igeln mit Sicherheit zu schaffen, und die milden Winter. Die Igel scheinen nur in den Dämmerschlaf zu gehen. Sie brauchen aber eine gewisse Kälte, damit sie wirklich ihren Stoffwechsel runterfahren können. Ansonsten kostet das sehr viel Energie und die Igel werden immer wieder wach. Ich habe Igel im Carportraum, die finden einfach nicht ihren Rhythmus. In der Natur haben die Tiere in warmen Wintern deshalb keine Chance, wenn sie nicht gefüttert werden, weil sie nichts zu fressen finden. Das gilt auch für die normalerweise sehr warmen zeitigen Frühjahre. Wenn es manchmal im Februar schon 20 Grad warm wird, wachen die Igel auf, es gibt aber noch keine Nahrung.

Ein Tipp von mir: Wenn die Temperaturen ansteigen, und auch der Boden sich erwärmt, sollten Sie Wasser aufstellen und mit dem Zufüttern anfangen. In heißen trockenen Sommern rufen die Igelverbände immer dazu auf, Igel mit Wasser zu versorgen, weil sie sonst dehydrieren. Stellen Sie einfach einen großen Blumenuntersetzer auf den Boden und wechseln sie Wasser regelmäßig aus.

Du möchtest Manuela Martin und die Igelhilfe in Eigeltingen unterstützen?

Dann schau mal auf der Facebook-Seite vorbei: https://www.facebook.com/Igelhilfe-Eigeltingen-107919027768666

Foto: Shutterstock/Aga Murawaska

5

WILDTIER-TRAUMGARTEN

Naturnah ist perfekt

Ganz klar, wie für einen Igel und andere Wildtiere der ideale Garten aussieht: viele wilde Ecken und Hecken, Blumenwiesen, Kompost und Laubhaufen, ein Steinhaufen vielleicht, aufgeschichtetes Totholz. Und es muss immer einen Durchschlupf nach draußen geben.

Bei einem Spaziergang durch Wald und Flur begegnen uns die verschiedensten Pflanzen, von Frühling bis Herbst krabbeln und schwirren Insekten und andere Tiere umher, Vögel zwitschern um die Wette, es duftet nach Leben. Ideale Bedingungen für Igel & Co., denn hier gibt es Nahrung und Verstecke.

Natur-Schule

Wenn dein Garten zum Wildtier-Paradies werden soll, wo neben Igeln auch Frösche, Vögel, Schmetterlinge, Regenwürmer und all die anderen kleinen und größeren Gesellen sich wohlfühlen, dann geh doch einfach bei der Natur in die Schule – sie kann dir einiges beibringen.

Die Natur als Gesamtheit sehen, sie als Organismus begreifen, das ist die erste Lektion, die du lernen wirst. Wenn dir beim Gedanken an einen Organismus erst einmal der menschliche Körper in den Sinn kommt, ist das völlig in Ordnung, das Prinzip kann man nämlich durchaus vergleichen: Jedes Organ ist wichtig und hat seine Aufgaben. Ist eines krank oder geschwächt, dann leidet der ganze Körper.

So ist es auch in der Natur. Alles spielt ineinander: Boden, Pflanzen, Tiere und natürlich das Klima. Ist alles ausgewogen, genügend Fressbares für die Fauna und eine artenreiche Flora vorhanden, dann entsteht ein ökologisches Gleichgewicht und die Natur ist intakt.

Ausgangspunkt ist der Boden mit den darin wohnenden unzähligen Lebewesen, er gibt den Pflanzen Halt und liefert Nährstoffe. Pflanzen finden sich in der Natur dort ein, wo sie am besten wachsen und gedeihen, wo die Lichtverhältnisse stimmen, der Boden und die Witterung passen. Und was die Fauna angeht: Die Tiere leben dort, wo es Nahrung und Unterkunft für sie gibt.

Die Natur ist ihr eigener Gärtner und das mit großem Erfolg, wenn wir Menschen es zulassen. Heruntergefallene Äste bleiben liegen, abgestorbene Bäume stehen, Blätter bedecken den Boden, Hecken wachsen dicht und sperrig – gut so, denn das alles bietet für Insekten, Igel, Vögel und alle anderen Wildtiere Nistmöglichkeiten und Nistmaterial, Schutz und Überwinterungsquartiere und jede Menge Nahrung.

Foto: Okapia

Achte auf genügend Durchschlüpfe, damit die Igel in den Garten und wieder heraus kommen können.

Colour your garden

Für deinen Garten heißt das: Sei nicht zu ordentlich, lass Äste einfach mal liegen und Brennnesseln stehen, lege eine Wildblumenwiese an, pflanze ein paar Sträucher und lass den Garten blühen. Denn je bunter und vielfältiger der Garten ist, umso besser. Auf diese Weise werden alle Gartenbewohner glücklich.

Wir teilen uns den Lebensraum Garten nämlich mit Vögeln, Igeln, Insekten, Spitzmäusen, Spinnentieren, Käfern und vielen anderen Tieren, von denen jedes seine Aufgabe im ökologischen Kreislauf hat. Die Tiere werden satt und finden Unterschlupf und helfen uns auf natürliche Weise, dass die Pflanzen gesund bleiben, wenn sie z. B. Blattläuse, Schnecken und schädliche Raupen vertilgen.

Bei der Pflanzenauswahl kann jeder Gärtner und jede Gärtnerin aus den Vollen schöpfen. In Gartencentern und Gärtnereien gibt es eine unglaubliche Vielzahl an Arten und Sorten. Noch mehr kannst du bei den Tieren punkten, wenn du deinen Garten mit einheimischen Wildstauden verschönerst. Achte bei Neupflanzungen darauf, dass die Arten in deinen Garten passen, also mit den Bodenbedingungen, den Witterungsverhältnissen und der Sonneneinstrahlung gut zurechtkommen. Das ist die beste Voraussetzung für ein gesundes Wachstum.

Bodennah

Auch wenn wir ihn mit Füßen treten, der Boden ist ein superwichtiges Organ im Organismus Natur und die Grundlage für Wachsen und Gedeihen der Pflanzen. In der Natur bleiben Laub, Äste, totes organisches Material auf der Erde liegen, das dann von auf und im Boden lebenden Tieren und Mikroorganismen in fruchtbare Erde umgewandelt wird. Je mehr Bodentiere da sind, umso besser für den Igel, der sich von ihnen ernährt.

Im Garten können wir das nachahmen, und z. B. Erntereste und ausgedünntes Pflanzenmaterial auf dem Boden liegen lassen. Mulchen ist der Fachbegriff dafür.

Wilde Ecken

Es muss nicht überall aufgeräumt sein im Garten. Was wir als Unordnung ansehen, hat in der Natur seine Berechtigung: Brennnesseln sind Futterpflanzen für verschiedene Schmetterlingsraupen, in Totholzhaufen und Hecken aus abgestorbenen Ästen finden viele Tiere Unterschlupf, in Steinhaufen fühlen sich Eidechsen, Blindschleichen und auch Igel wohl.

Foto: Shutterstock/Noel V. Baebler

Du findest wilde Ecken im Garten nicht schön? Dann frag mal deine wilden Gartenbewohner, die fahren voll drauf ab.

Check deinen Garten

Garten = Natur? Bestimmt ist schon jede Menge Natur in deinem Garten eingekehrt. Aber du kannst noch mehr machen, z.B. um Nützlinge zu schützen, Vögeln eine Bleibe zu geben, Bodenlebewesen zu unterstützen und die Artenvielfalt an Pflanzen und Tieren zu fördern und zu bewahren. Deine Naturoase Garten soll für alles Lebendige im Garten – dich, deine Familie und Freunde inbegriffen – eine „Win-Win-Situation" sein, bei der alle Beteiligten sich rundum wohlfühlen.

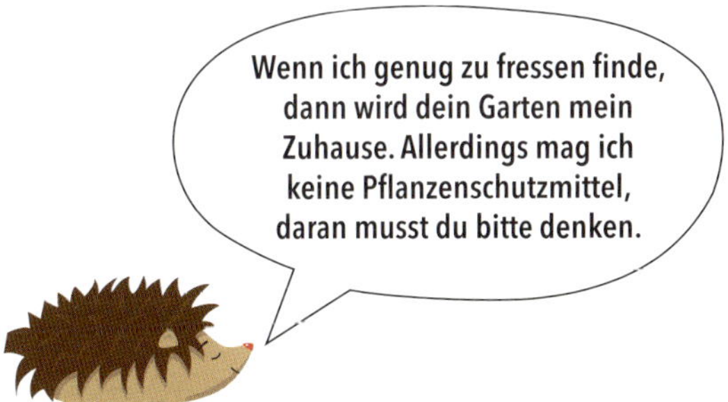

Mach dich schlau!

Einfach blühende Pflanzen sind viel besser für Insekten geeignet, als solche mit gefüllten Blüten. Die sehen zwar hübsch aus, bringen Bienen und Insekten aber nichts. Die Staubblätter, die den Pollen produzieren, wurden durch züchterische Maßnahmen in Blütenblätter umgewandelt. Nichts da mit Pollen und Samen in der Blüte. Oder die Staubblätter sind so verborgen, dass die Insekten gar nicht drankommen.

Mach erstmal einen Gartenrundgang. Wenn du viele Fragen der unten stehenden Liste mit Ja beantworten kannst, bist du auf einem richtig guten Weg hin zu einer Naturoase für Pflanzen, Tiere und für dich selbst. Siehe Tabelle unten.

Darauf solltest du achten

- Zugang zum Garten: Mauern und Zäune, die kein Tier überwinden kann, sind im naturnahen Garten fehl am Platz, Zäune bis zum Boden unüberwindbare Hindernisse. Die Bodenfreiheit sollte 10 cm betragen, ab und zu ist ein größerer Durchschlupf wichtig.
- Natürliche Einzäunungen: Wenn möglich, dann verzichte ganz auf feste Zäune oder mauern. Wie wäre es mit einer natürlichen Einzäunung aus einer Blühhecke?
- Viele unterschiedliche Lebensräume: Sonnig, schattig, feucht, trocken – je mehr unterschiedliche Lebensräume, umso besser. Lass Steinhaufen und Totholz liegen, Laub kannst du an einem geschützten Platz zusammenrechen.
- Beleuchtung: Wenn du den Garten beleuchten willst, achte auf dimmbare Lichtquellen mit geringem Ultraviolett- und Blauanteil, damit nicht unnötig Insekten angezogen werden. Nachtschwärmer flattern sich sonst buchstäblich zu Tode. Gartenbeleuchtung irritiert aber auch andere nachtaktive Tiere wie Igel. Am besten verwendest du Solarleuchten, die ein wärmeres Licht haben und bringst eine Zeitschaltuhr an, damit sich das Licht spätestens um 23 Uhr abschaltet.
- Wasserstellen: Ob Teich, Vogeltränke oder Igel-Wasserstelle – ein paar Schalen mit Wasser sind lebensnotwendig für die Gartengäste. Sie müssen aber regelmäßig mit frischem Wasser gefüllt werden. Hast du einen Teich? Dann sorge für Ausstiegsstellen.
- Synthetische Dünger und Pestizide: Darauf solltest du unbedingt verzichten. Auch Raupen und Läuse müssen nicht sofort mit der Giftkeule bekämpft werden.
- Pflanzenauswahl: Willst du deinen Garten neu anlegen oder Neues pflanzen? Achte auf heimische Gehölze und suche z. B. verschiedene Bienenweidepflanzen aus, die unterschiedliche Blühzeiten vom Frühjahr bis zum Spätherbst haben. Wichtig sind vor allem einfach blühende Arten, die Pollen und Nektar für Insekten bereithalten. Na klar können auch Forsythien in deinem Garten wachsen, sie sind im Frühjahr wirklich schöne Blüher. Für die tierischen Gartenbewohner sind Forsythien aber nicht so nützlich, da sie weder Pollen noch Nektar spenden. Mach also eine gute Mischung aus ökologisch sinnvollen Gartenpflanzen, wie z.B. Weidenkätzchen, Sommerflieder, Strauch-Efeu und einfach nur schön anzuschauenden Gewächsen.

Mach einen Gartenrundgang. Was trifft zu?	Ja	Nein
Gibt es ein paar wilde Ecken, Totholz, Hecken in deinem Garten? Also Plätze, wo es ein bisschen wild und nicht ganz so aufgeräumt ist?	○	○
Wachsen auch einige Brennnesseln in deinem Garten?	○	○
Gibt es einen Steinhaufen oder eine Trockenmauer?	○	○
Hast du eine Wasserstelle im Garten?	○	○
Sind die Wege offen bzw. mit Trittsteinen, Kies oder ähnlichem verlegt, sodass Wasser durchsickern kann?	○	○
Hast du vor allem natürliches Material z.B. für Zäune verwendet? Gibt es Durchschlüpfe, in Mauern etc. ?	○	○
Gibt es bunte Blumen, vielleicht eine Blumenwiese, die nur zweimal oder einmal im Jahr gemäht wird?	○	○
Verwendest du organische Düngemittel, wie Kompost und Hornmehl?	○	○
Hast du chemische Pflanzenschutzmittel aus deinem Garten verbannt?	○	○
Kennst du die Tiere, die in deinem Garten leben?	○	○
Hast du einen Kompostplatz?	○	○

Foto: Shutterstock/Erik Steinebach

Ein Teich macht deine Naturoase im Garten perfekt.

- Wand begrünen: Wilder Wein, Knöterich, Waldreben schaffen Sichtschutz und bieten nützlichen Tieren jede Menge Unterschlupf, Überwinterungsmöglichkeiten und Nektar.
- Pflasterflächen: Sogenannte versiegelte Flächen sind gar nicht empfehlenswert. Müssen die Pflasterflächen wirklich verfugt werden oder ist Sand eine gute Alternative? Im Garten und auch sonst wo sind offene Wege am besten, die das Wasser im Boden einsickern lassen und so viel Natur wie möglich zulassen.
- Komposthaufen: Im Garten fallen jede Menge organischer Reste wie Schnittgut oder Gemüseabfälle an. Die kannst du auf dem Kompost entsorgen. Für Tiere wie Igel oder Blindschleichen ist der Kompost nicht nur ein Hotel, sondern auch ein Gourmet-Restaurant. Blindschleichen legen hier außerdem ihre Eier ab und die nützlichen Spitzmäuse leben gerne darin.
- Wilde Ecken: Schnittholzhaufen, Brennnesselecken, unverputzte Natur-Steinmauern, dichte Hecken – davon kann es im Garten gar nicht genug geben.
- Rasen: Zum Spielen, als Ruhezone und für die Sitzecke ist so ein Rasenstück schon praktisch. Aber für Tiere völlig uninteressant. Igel stehen viel mehr auf Blumenwiesen und die kannst du vielleicht sogar im Rasen integrieren (siehe Seite 76).

Alles für den Igel

Igel mögen Gärten, in denen sie überall Schlupfwinkel für ein Versteck, für die Kinderstube und den Winterschlaf finden, in denen sich Spinnen, Käfer, Regenwürmer und Nachtfalter wohlfühlen.

Du kannst eine Menge tun, um Igel zu unterstützen. Such dir das eine oder andere coole Projekt für deinen Igel-Wohlfühlgarten aus, oder setze gleich alle um. Der Aufwand ist dabei gar nicht so groß. Bestimmt ist etwas für deinen Garten dabei.

Projekt: Wildblumenwiese für Igel

In jedem Garten sollte es eine kleine Wildblumenwiese geben. Die bunte Gräser- und Kräutergemeinschaft ist voller Leben: zirpende Grillen, Grashüpfer, Falter und so manch anderes Getier. Insekten können sich mit Nektar und Pollen versorgen und Igel finden hier jede Menge Nahrung und Schutz. Schon ein kleiner Streifen im Rasen ist bei den tierischen Gartengästen willkommen.

Wenn du eine Samenmischung kaufst oder bestellst, dann schaue auf die Artenzusammensetzung. Es sollte eine artenreiche Mischung sein, die vom Frühling bis in den Herbst grünt und blüht, mit einheimischen Wildblu-

Foto: Shutterstock/Sami T.W

Ringelblumen, Kornblumen, Ackerwinde, Mohn & Co. – in so einer Wiese fühlen sich viele Wildtiere wohl.

Wasser in flachen Schalen im Garten aufstellen – das macht keine Mühe und ist doch eine große Hilfe für Igel & Co.

Foto: Shutterstock/stvnbln

men, Gräsern und Kräutern. Achte auf Bezeichnungen wie „Regional-" oder „Heimisches Saatgut" und „Ein-, Zwei- und Mehrjährig". Blühpflanzen wie Schafgarbe, Glockenblume, Färberkamille, Wiesenlabkraut und Ysop sollten zu über 20 % enthalten sein. Siehe Tabelle unten.

Projekt: Asthaufen

Ganz einfach und schnell lässt sich das Projekt „Asthaufen" verwirklichen. Such im Garten oder am Waldrand abgebrochene, trockene Äste in verschiedenen Dicken zusammen, die du zu einem Haufen schichtest. Zuerst legst du längere, dickere Äste übereinander und zwar so, dass unten eine Art Hohlraum entsteht, den die Igel als Nest nutzen können. Darüber kommen dünnere Äste, dann wieder dickere, sodass ein fester Haufen entsteht. Die Zwischenräume kannst du mit Laub ausstopfen, dann ist alles noch gut isoliert. Mehr musst du nicht machen, nur ab und zu neues Material aufschichten, weil der Haufen nach und nach etwas zusammensacken wird.

Alle Igelverstecke, ob Ast-, Laub- oder Steinhaufen oder andere Igelunterschlüpfe, sollten an einem geschützten, ungestörten und eher schattigen Platz aufgebaut werden.

Projekt Wasserstelle

Nicht immer ist für größere Projekte genügend Zeit, mit dem „Projekt Wasserstelle" bist du aber ganz schnell dabei und kannst stolz auf dich sein: Wasser ist lebenswichtig, auch für Igel. Stell in die Nähe von Asthaufen, Hecken und kleinen Wiesen – je nachdem was dein Garten bietet – eine flache Schale, z.B. einen Tontopfuntersetzer, auf und füll ihn mit Wasser. Auch Vögel kommen hier zum Trinken oder Baden. Wichtig: Das Wasser muss regelmäßig frisch aufgefüllt und die Schale gesäubert werden.

Optimal für einen Naturgarten ist ein Teich. Die Anlage ist aber ein größeres Projekt. Um einen Teich richtig anzulegen brauchst du fachmännischen Rat.

Blumenwiese für Igel: So wird's gemacht ...

Bodenvorbereitung	Der Boden muss gut vorbereitet sein, eben, feinkrümelig und ohne Pflanzenrückstände wie Wurzeln.
Rasenumwandlung	Wenn du ein Rasenstück in eine Wildblumenwiese verwandeln willst, musst du zuerst den Rasen abstechen und entfernen, den Boden lockern und von Wurzeln befreien. Bei den meisten Böden solltest du abmagern, d.h. etwas Sand einarbeiten, denn Wiesenblumen bevorzugen nährstoffärmere Böden.
Aussaat	Die Aussaat erfolgt am besten von April bis Juli. Du musst schön gleichmäßig aussäen, dann vorsichtig glattrechen und den Boden mit dem Rechenrücken festdrücken.
Bewässerung	Wasser ist ganz wichtig, damit die Samen keimen. Während der ersten vier Wochen muss der Boden deshalb dauerhaft feucht gehalten werden, damit die Samen keimen.
Mähen	Einmal im Jahr 10–15 cm tief mähen, das reicht schon. Im Juni ist der beste Zeitpunkt dafür, düngen musst du gar nicht.

Foto: Claus GmbH

Du kannst auch ganz einfach dieses Igelhaus nehmen und innen mit etwas Laub auslegen und außen zusätzlich mit Ästen und Blättern bedecken. Fertig ist der Igel-Unterschlupf.

Hohlräume schaffen

Igel lieben Hohlräume aller Art, ob sie nun in alten Baumwurzeln oder ausgehöhlten Stämmen zu finden sind, unter Holzstapeln, Steinhaufen oder Treppen. Vielleicht hast du eine Trockensteinmauer im Garten oder eine Kräuterspirale. Ohne viel Mühe kannst du im Sockelbereich einfach ein paar Steine aussparen und dadurch Räume für Igel schaffen. Und wenn kein Igel hineinkrabbelt, wird die Unterkunft sicher von anderen tierischen Gartenbewohnern gerne genutzt.

Igelburg

Ein besonders attraktives Wildtier-Hotel ist eine Igelburg, die du z.B. aus Feldsteinen bauen kannst.

Höhe des Innenraums: 20–30 cm
Seitenlänge des Innenraums: 30–40 cm
Einschlupfloch: 10 x 10 cm

Lege einen abknickenden Gang in den Innenraum, wie beim Igelhaus auf Seite 31. So verhinderst du, dass Katzen eindringen. Auf die fertig gebaute Igelburg kannst du noch Grassoden legen, das gibt eine gute Isolierung.

So eine Igelburg ist ein Projekt für Fortgeschrittene, alternativ kannst du eine naturnahe Igelbehausung, zum Beispiel ein Igel-Haus aus Korbgeflecht (siehe www.vogel-shop.de und oben) aufstellen und mit Laub abdecken.

Projekt: Wilde Hecke

Mit einer bunten Wildsträucherhecke machst du nicht nur Igeln eine Freude, sondern auch Vögeln und Insekten. Außerdem ist so eine Anpflanzung ökologisch wertvoll. Ein bisschen Platz brauchst du aber schon im Garten, denn die Sträucher haben einen gewissen Ausbreitungsdrang.

Diese Gehölze eignen sich gut für eine etwas höhere, bunte Wildsträucherhecke:	Wuchshöhe in cm
Blasenstrauch (*Colutea arborescens*)	100–300
Pimpernuss (*Staphylea pinnata*)	100–300
Pfaffenhut (*Euonymus europaeus*)	200–300
Gemeine Felsenbirne (*Amelanchier ovalis*)	200–300
Kornelkirsche (*Cornus mas*)	400–500
Roter Holunder (*Sambucus racemosa*)	300–400
Schwarzer Holunder (*Sambucus nigra*)	200–300
Schlehdorn (*Prunus spinosa*)	100–400
Wildrosen (*Rosa* sp.): Höhe je nach Art unterschiedlich	

Mach dich schlau!

Bevor du die Pflanzen für deine Wildsträucherhecke einkaufst, solltest du dich beim Gärtner informieren, wie groß und breit die Gehölze werden. Sag dem Fachmann beziehungsweise der Fachfrau wie wieviel Platz du zur Verfügung hast, dann kannst du dir die Pflanzen passend aussuchen.

Blasenstrauch

Pimpernuss

Pfaffenhut

Gemeine Felsenbirne

Weißdorn

Wildrosen

Schwarzer Holunder

Roter Holunder

Schlehdorn

Fotos: Shutterstock/Martina Unbehauen, Tom Meaker, INTREEGUE Photography, weha, Sebastian_Photography, Anastasiia Malinich, Tatyana Blinova, Snufkin_79, liper06

Wilde Hecke anlegen: So wird's gemacht ...

Boden und Pflanzen vorbereiten	Beste Pflanzzeit für die Hecke ist Oktober und November, es geht aber auch bis in den April hinein. Nur bei gefrorenem oder schneebedecktem Boden ist das Pflanzen nicht möglich. Hebe für jeden Strauch ein ausreichend großes Pflanzloch aus. Zwischen den Gehölzen sollte ein Mindestabstand von 1,5 - 2 Metern sein, bei kleineren Gewächsen zwischen 0,5 - 1 Meter. Vor dem Pflanzen werden die Gehölze in einen Eimer mit Wasser gestellt, damit sie sich gut vollsaugen können.
Pflanzen	Gib ins Pflanzloch ebenfalls Wasser, dann den Strauch einsetzen, mit Erde auffüllen, gut festdrücken und nochmals gießen. Bis zum Anwachsen dauert es einige Wochen und in dieser Zeit darf die Erde nicht austrocknen.
Pflege	Die wenigsten Wildsträucher müssen geschnitten werden, auch aufs Düngen kannst du verzichten.

Wer Marienkäfer in seinem Garten hat, der macht sich keine Sorgen bei Blattlausalarm.

Chemie? Nein danke!

Igel sind DAS Symbol für Natur, sie reagieren sehr empfindlich auf synthetische Pflanzenschutzmittel und Dünger. Wenn Nützlinge im Garten einziehen und eine große Artenvielfalt herrscht, sind die auch gar nicht nötig.

Wenn die Gartenpflanzen von Schädlingen und Krankheiten befallen werden, greifen wir schnell mal zu synthetischen Pflanzenschutzmitteln. Von Schneckenkorn bis Blattlausvernichter, pilzabtötenden Präparaten bis hin zu Wühlmausvertreibungsmitteln – das muss nicht sein, und Igel finden das schon gar nicht gut. Sie merken gleich, wenn ein Garten „chemisch" angehaucht ist und werden sich dort nicht wohlfühlen. In einem naturnah angelegten Garten sind Pflanzenschutzmittel verpönt. Das Prinzip heißt: Nützlinge fördern. Beim Einsatz von synthetischen Pflanzenschutzmitteln, die gegen Schädlinge helfen sollen, entziehen wir nämlich so manchem Nützling im Garten die Nahrungsgrundlage, sie finden nichts mehr zu fressen und bleiben dann weg. Das ökologische Gleichgewicht gerät aus den Fugen.

Mit all den Maßnahmen, die in diesem Kapitel „Wildtier-Traumgarten" empfohlen werden, ist dein Garten sehr gut gerüstet. Wenn sich dann die Blattläuse über die Rosen hermachen, einfach keine Panik bekommen. Die Marienkäfer und Florfliegen freuen sich über die Mahlzeit und halten so den Befall in Schach.

Das sagt der Arbeitskreis Igelschutz Berlin e.V.

Schneckenkorn, Unkraut- und Insektenvertilgungsmittel schaden dem Igel sehr. Infolge von Nahrungsmangel und Insektensterben hat der Igel sich in seinen Ernährungsgewohnheiten angepasst. Leider zu seinem Schaden: Die Schnecken, die er frisst, können vergiftet sein. Das Gift sammelt sich in seinem Körper an und seine Widerstandsfähigkeit gegenüber Parasiten lässt nach, die Folge ist eine erhöhte Anfälligkeit gegen alle möglichen Krankheiten.

Vorbeugen und schützen

Damit die Pflanzen gut geschützt sind vor Angriffen durch Schädlinge und Krankheitserreger, lohnt es sich, die Abwehrkräfte zu stärken. Das geht z. B. mithilfe von Pflanzenbrühen, Tees und Pflanzenjauchen. Vielleicht kennst du sogar die berühmte Ackerschachtelhalmbrühe, die verschiedenen Pilzkrankheiten vorbeugt.

Bei Brühen, Jauchen und Tees macht man sich die Inhaltsstoffe der verwendeten Pflanzen zunutze. Ackerschachtelhalm z. B. ist wertvoll durch den hohen Gehalt an Kieselsäure. Werden Pflanzen mit einer Brühe aus dem Kraut besprüht, wirkt die Kieselsäure stabilisierend und festigend auf das Pflanzengewebe. Schädlinge habe es dann viel schwerer einzudringen. Auch Beinwell- und Brennnesseljauche machen die Pflanzen kräftiger und gesünder. Alles, was du für die Stärkung der Gewächse brauchst, wachsen vielleicht schon in der wilden Ecke: Löwenzahn, Kamille, Ackerschachtelhalm, Brennnesseln und Rainfarn. Es gibt ganz verschiedene Rezepte für Tees, Jauchen und Brühen. Du musst selbst ausprobieren, was am effektivsten ist.

WUSSTEST DU ...

... dass Igel hohe Frequenzen von Ultraschallgeräten deutlich und schmerzhaft wahrnehmen? Igel fliehen vor diesem Lärm und meiden die Gegend. Verzichte besser auf solche Geräte, die zum Vertreiben von Wühlmäusen verwendet werden.

Pflanzenjauche

Pflanzenjauchen kräftigen die Gewächse in deinem Garten, wirken wie ein Dünger und können durch ihren Geruch auch Schädlinge vertreiben. Wenn du Brennnesseljauche herstellst, entwickelt sich ein strenger, unangenehmer Geruch. Rühre etwas Gesteinsmehl unter, das bindet das den Gestank. Für eine Jauche wird ein Kilogramm frisches oder 150 Gramm getrocknetes Pflanzenmaterial in zehn Liter kaltem Wasser angesetzt. Das Ganze bleibt ca. drei Wochen stehen, ab und zu umrühren. Nach dem Abseihen der Blätter wird die Jauche verdünnt und kann dann verwendet werden.

Brennnesselblätterjauche ist ein guter Stickstoffdünger und fördert die Pflanzengesundheit.

Beinwellblätterjauche wirkt als Kalidünger und ist besonders bei Tomatenpflanzen sehr beliebt. Holunderblätterjauche mögen Wühlmäuse gar nicht. Du kannst sie damit vertreiben.

Pflanzenbrühe

Pflanzenbrühen kannst du zur Pflanzenstärkung gegen Schädlinge und Pilzerkrankungen einsetzen. Für eine Brühe werden ein Kilogramm frische oder 150 Gramm getrocknete Kräuter zerkleinert, mit zehn Liter Wasser bedeckt und über Nacht stehen gelassen. Anschließend das Ganze eine halbe Stunde köcheln, dann abseihen. Die fertige Brühe wird 1:5 verdünnt zu den Pflanzenwurzeln gegossen oder auf die Blätter gesprüht.

Ackerschachtelhalmbrühe wirkt vorbeugend gegen Pilzerkrankungen.

Rainfarnbrühe kann verschiedenste Schädlinge abwehren.

Pflanzen- und Komposttee

Außerdem gibt es noch Tees, die genauso wie Kräutertees zum Trinken zubereitet werden. Einfach kochendes Wasser über kleingehackte Kräuter gießen, ziehen lassen, abseihen, abkühlen lassen und gießen. Effektiv ist übrigens auch Komposttee. Dazu wird Kompost in ein Tuch gefüllt und über Nacht in einen Eimer mit Wasser gehängt. Den Tee kannst du unverdünnt einmal pro Woche als Flüssigdünger gießen.

Foto: Shutterstock/Novakovava

Ein gesunder Boden ist das A und O im Naturgarten.

Foto: Shutterstock/mmuenzl

Die Größe einer Benjeshecke kann variiert werden, sinnvoll und nützlich ist sie in jedem Garten.

Benjeshecke bauen

Wenn du Bäume, Sträucher und Hecken in deinem Garten hast, dann fällt bestimmt viel Schnittgut an. Du kannst einen Asthaufen bauen (siehe Seite 77) oder eine Benjeshecke anlegen – und die lieben Wildtiere. Sie bietet zahlreichen Vogelarten wie z.B. Amseln, Zaunkönigen und Rotkehlchen Nistmöglichkeiten. Auch Igel, Siebenschläfer, Zauneidechsen, Erdkröten und Insekten ziehen gerne ins „Hotel Benjeshecke" ein und sorgen als Entschädigung für einen schädlingsfreien Garten. Igel lieben Benjeshecken besonders. Im Winter sind sie ein toller Unterschlupf und Quartier für den Winterschlaf.

Und was ist eine Benjeshecke?

Sie besteht aus zwei Reihen Pfähle, zwischen denen Äste, Zweige oder Gestrüpp aufgeschichtet sind. Je nachdem wie groß beziehungsweise lang das Schnittgut ist, kann der Abstand zwischen diesen Stützhölzern variieren. Sie sollen den Grünschnitt an Ort und Stelle halten.

Step für Step zur Benjeshecke

Du benötigst:

- Stabile Holzpfähle und einen Hammer oder Vorschlaghammer
- Totholz, also verschieden lange und dicke Äste und Zweige

1. Schlage zwei parallel verlaufende Reihen Pfähle im gewünschten Abstand in den Boden. Wie weit der Abstand sein muss und wie lang die Benjeshecke werden soll, musst du selbst vor Ort entscheiden. Das liegt am zur Verfügung stehenden Platz und am vorhandenen Astmaterial.

2. Nun füllst du den Raum zwischen den Pfählen mit Astmaterial. Unten sollten gröbere Äste liegen, die noch Platz zum Boden lassen, damit genügend Platz für den Wohnraum von Igeln, Siebenschläfern & Co. vorhanden ist. Anschließend kommt abwechselnd dünneres und dickeres Material obendrauf. Du darfst beim Bauen auch mal über die Äste laufen, um das Ganze etwas zu verdichten. Wenn du jetzt noch die abstehende Äste einkürzt, ist die Arbeit erledigt. Ist die Hecke fertig, muss sie aber in Ruhe gelassen werden. Du willst die neuen Bewohner ja nicht stören.

3. In der ersten Zeit benötigt die Hecke kaum Pflege. Im Lauf der Jahre musst du aber wahrscheinlich immer mal wieder Astmaterial nachlegen und stark wuchernde Wildpflanzen einkürzen.

So eine Hecke kann gut als Sichtschutz verwendet werden, aber in erster Linie ist sie ökologisch super wertvoll und dient zudem als Verwertung von abgestorbenem Holz. Das Erstaunlichste daran ist, dass sie wieder neues Leben hervorbringt: Während nämlich das Holz nach und nach verrottet, bläst der Wind Samen in die Hecke, die sich dort verfangen, außerdem gelangen durch Tierkot Samen auf den Boden. Die keimen dann im Schutz der Äste und neue Pflanzen durchdringen das tote Gehölz.

Mach dich schlau!

Wenn Brombeeren und andere stark wuchernde Wildpflanzen sich in der Hecke breit machen, dann musst du ihnen Einhalt gebieten oder sie am besten gleich ganz ausgraben, wenn das möglich ist. Sie überwuchern sonst die ganze Anlage und unterdrücken alles andere Wachstum.

Foto: Shutterstock/filovigna

6

IGEL GEFUNDEN – WAS NUN?

Krank, verletzt oder hungrig?

Ein Igel läuft tagsüber im Garten umher? Du findest einen verletzten Igel am Straßenrand? Jetzt heißt es: Erst überlegen, dann handeln. Muss das Tier zum Tierarzt, zur Igelhilfe, lässt du den Igel besser in Ruhe oder kannst du etwas tun – das gilt es abzuwägen.

Die scheuen Igel sieht man ja eher selten, weil sie nachtaktive Tiere sind. Wenn die Stacheltiere also am Tag unterwegs sind und sich nicht gleich wieder irgendwo verstecken, heißt das mitunter nichts Gutes. Vielleicht ist der Igel krank oder verletzt. Aber wie kann man feststellen, ob ein Igel Hilfe benötigt oder nicht?

Es kann durchaus sein, dass ein Igel durch Lärm oder Gartenarbeiten aus seinem Versteck aufgeschreckt wurde, dann verschwindet er gleich wieder. Im Sommer sind außerdem auch tagsüber immer mal wieder Igelinnen unterwegs, die nach Nahrung für die Jungen suchen. Und im Herbst geht so mancher Igel auch tagsüber oder am frühen Abend auf die Jagd, immerhin muss das Gewicht vor Einbruch des Winters erreicht sein und da gilt es, sich den Bauch vollzuschlagen, wo es nur geht.

Wenn der Igel also nicht ganz offensichtlich verletzt ist, brauchst du deshalb erst einmal Geduld. Abwarten, heißt das Gebot der Stunde und beobachten. Ein gesunder Igel sollte nämlich nicht in unsere Hände gelangen, immerhin unterstehen Igel dem Bundesnaturschutzgesetz und dürfen wirklich nur im Notfall ins Haus und in menschliche Obhut genommen werden.

So erkennst du, ob ein Igel Hilfe benötigt

- Einen verletzen oder kranken Igel erkennst du daran, dass er tagsüber unterwegs ist und nicht versucht in der nächsten Hecke zu verschwinden.
- Igel, die nach Wintereinbruch, also bei Frost und Schnee noch herumlaufen, benötigen dringend Hilfe, unabhängig von der Tageszeit.
- Abgemagerte Igel erkennst du an herausstehenden Hüftknochen, eingefallenem Nacken (sogenannte „Hungerfalte"), schlitzförmigen Augen.
- Wenn du einen Igelsäugling alleine im Garten oder ein Igelnest ohne Muttertier entdeckst, ist Gefahr in Verzug.

Mach dich schlau!

Wenn du einen Igel im Garten entdeckt hast, der sich nicht gleich wieder versteckt, dann warte erstmal mindestens eine Stunde ab und beobachte das Tier. Wirkt es verletzt, desorientiert oder krank, dann braucht es sofort deine Hilfe.

Foto: Shutterstock/Zallous

Wenn junge Igel im Dezember noch umherirren, suchen sie nach Nahrung.

Um Hilfe wird dringend gebeten

Wenn Igel offensichtlich krank oder verletzt sind oder angefahren wurden, musst du schnell handeln: Der Igel muss zum Tierarzt oder zu einer Igelstation gebracht werden. Auch wenn die stacheligen Genossen bluten oder du eine eitrige Wunde entdeckst, muss das versorgt werden. Manche Verletzungen sind allerdings schwer zu erkennen, vor allem am Bauch und im Kiefer-Maul-Bereich.

Igel im Winter

Ist ein Igel nach Wintereinbruch noch unterwegs, ist das sehr ungewöhnlich und nicht natürlich. Normalerweise sollte er jetzt Winterschlaf halten. Wahrscheinlich handelt es sich um ein Jungtier, das noch nicht genug „Fett auf den Rippen hat" oder um ein schwaches älteres Tier. Jetzt kannst du helfen und etwas Futter in einer flachen Schale bereitstellen. Informationen über die Igelfütterung findest du auf Seite 33. Vielleicht kann sich der Stachelritter noch genug Gewicht anfressen, um in den Winterschlaf zu gehen. Bei Jungigeln gelten 500 bis 600 Gramm Körpergewicht als entscheidende Grenze. Wiegt ein Igel weniger, solltest du ihn füttern und dir am besten auch Rat bei einer Igelstation oder einem Tierarzt holen.

Wenn die ersten Anzeichen dafür sprechen, dass der Igel krank ist, kannst du noch etwas weiter forschen:

- Hat er Verletzungen?
- Ist er stark von Außenparasiten, z.B. Fliegeneiern oder Zecken, befallen?
- Wie sieht sein Kot aus? Hat er schleimige oder grünliche Areale, enthält er weiße Pünktchen oder riecht er stark?
- Wie klingt seine Atmung? Oft hört man einen kranken Igel z.B. husten oder röcheln, seine Augen sind trüb und eingefallen.
- Verhält er sich ungewöhnlich, läuft er beispielsweise unsicher?

Was du tun kannst

Einen Igel ins Haus aufzunehmen ist grundsätzlich verboten, es sei denn, das Tier ist hilfsbedürftig und wird artgerecht, fachkundig und medizinisch betreut. Dazu kommt noch, dass ein gesund gewordener oder überwinterter Igel wieder richtig ausgewildert werden muss. Das ist bei Igelstationen und Igelhilfen der Fall, aber kannst du selbst das auch? Igel etwas Futter und Wasser bereitzustellen, ihnen ein Schlafhaus anzubieten – das ist das eine; das Wildtier selbst gesund zu pflegen oder zu überwintern, dafür brauchst du etwas Fachwissen.

Wenn du dir also unsicher bist, was zu tun ist, dann wende dich unbedingt erst einmal an eine Igelhilfe oder eine Igelstation. Wenn du Glück hast gibt es in deiner Nähe eine Initiative, die dir weiterhelfen kann. Die Fachleute unterstützen dich auch dabei, das Tier selber zu überwintern oder du gibst den Igel dort ab und kannst ihn dann mithilfe der Igelstation im Frühjahr wieder artgerecht auswildern.

Im Anhang auf Seite 94 findest du Adressen und Informationen. Ist der Igel schwer verletzt, ist der Tierarzt oder eine Tierklinik die richtige Anlaufstelle, allerdings behandeln nicht alle Praxen Wildtiere.

WUSSTEST DU ...

...dass sich um kranke Igel herum mitunter viele Fliegen aufhalten und die Tiere auch häufig von Maden, Fliegeneiern oder Zecken gequält werden? Um ihn in zum Transport in ein Kistchen zu setzen, ziehst du dir am besten vorher Einmalhandschuhe an.

Mach dich nützlich

Vielleicht kannst du bei einer Igelstation oder Igelhilfe mithelfen. Bestimmt gibt es auch in deiner Region eine Initiative, die sich um kranke, verletzte oder abgemagerte Igel kümmert. Es werden immer Helferinnen und Helfer gesucht.

Erstversorgung von Igeln: Ein Bericht von Melanie Bauer von der Igelstation Riederich

Wenn ein Igel zu uns kommt, dann wird er erst einmal gewogen, dann schauen wir nach dem Geschlecht. Als nächstes wird er dann nach Parasiten abgesucht, fast jeder Igel hat z.B. einen Flohbefall und Zecken, die wir entfernen. Die Haut wird genau angeschaut, ob ein Hautpilz, Ekzeme oder ein Milbenbefall vorliegt, dann werden die Beine nach Wunden oder Verletzungen abgesucht.

Wichtig ist auch die Körperform eines Igels: Ein abgemagerter Igel hat eine Birnenform, den sogenannten Hungerknick oder die Hungerfalte im Genick. Ein Igel sollte schön rund sein, ohne einfallende Stellen an Hüften und Kopf. Eine nasse Nase ist okay, aber es darf kein gelblicher, schnupfiger Ausfluss austreten. Auch eine schnelle Atmung oder raschelnde Geräusche aus der Lunge sind ein Zeichen dafür, dass der Igel krank ist.

Hustende und röchelnde Igel müssen entwurmt werden, sie haben Lungenwürmer, Lungenhaarwürmer, Lungenentzündung, Bronchitis oder eine bakterielle Infektion.

An schlitzförmig verengten Augen erkennt man sehr geschwächte Igel. Sie sind oft unterkühlt und müssen dann schnell auf eine Wärmflasche gesetzt werden, damit der Kreislauf wieder in Schwung kommt. Oft müssen sie dann ein paar Tage sozusagen zwangsernährt werden. Wir ziehen in eine Spritze feine Pastete oder Astronautenkost auf und geben sie vorsichtig in das Igelmäulchen. Ein Igel muss an Gewicht zulegen, wenn er bei uns ist. Nimmt das Tier ab oder bleibt das Gewicht gleich, dann stimmt etwas nicht .

Foto: Okapia

Kranke Igel bekommen als Erstversorgung meist ein Antibiotikum verabreicht.

Wie schwer bist du, kleiner Igel?

Foto: Okapia

Igelbaby gefunden!

Kleine Igelkinder sind ohne ihre Mutter nicht lebensfähig. Sie aufzupäppeln, das ist aber die Sache von Fachleuten. Bevor die Babys aufgenommen werden, gilt es aber einiges zu bedenken.

Wenn du ein scheinbar verlassenes Nest mit Igelbabys findest, ist das noch kein Grund zur Sorge. Flüchtet nämlich z.B. die Igelmutter, weil sie von Menschen oder tierischen Feinden gestört wurde, kommt sie vielleicht wieder zurück und quartiert den Nachwuchs um. Frisch geborene Igelkinder können ohne Probleme zwei Stunden ohne Mutter überstehen, ältere sogar bis sechs Stunden ohne Nahrung auskommen. Wichtig ist deshalb, dass du ungefähr abschätzen kannst, wie lange das Nest verlassen ist, denn nach dieser Zeit gelten Igelkinder aber als verwaist und brauchen Schutz, Wärme und Nahrung. Liegen die Igelbabys außerhalb des Nestes im Garten oder auf der Wiese, brauchen sie auf jeden Fall Hilfe.

Milch für Igel? Das sagt Biologe Dr. Stephan Dreyer

Ein großer Fehler, der oft unwissentlich gemacht wird, ist die Gabe von Milch an Igelbabys. Igel vertragen keine Laktose, sie bekommen Durchfall davon und werden krank. Auch Welpen- oder Katzenmilchaustauscher ist nicht ideal, weil die Unterschiede zur Igelmilch einfach zu groß sind. Eine besser geeignete, speziell entwickelte Igelmilch ist momentan bei Igelstationen in der Testphase und demnächst auch im Handel erhältlich. Die natürliche Igel-Muttermilch hat mit 13 Megajoule/kg viel mehr Energie als Hunde-Muttermilch mit durchschnittlich nur 6,5 Megajoule/kg.

TIPP von Manuela Martin von der Igelhilfe E/igeltingen

Beim Auffinden sollten die Igelbabys auf Fliegeneier und Maden untersucht werden. Die sind vorhanden, wenn gelbliche oder bräunliche Verkrustungen im Stachelkleid zu erkennen sind. Wer sich das zutraut, sollte sich Einmalhandschuhe überziehen und die Verkrustungen mit einer feinen Pinzette entfernen. Für das Fell eignet sich auch ein sauberes, feines Mascara- oder Zahnbürstchen. Am besten wird aber sofort eine Igelpflegestelle kontaktiert. Jetzt heißt es, keine Zeit verlieren, denn nur so kann das Igelchen gerettet werden.

Foto: Karin Unzeitig

Melanie Bauer und ihre Mutter sind unermüdlich im Einsatz, um Igeln zu helfen.

IGELSTATION RIEDERICH

Melanie Bauer und ihre Mutter betreiben gemeinsam die Igelstation Riederich. Frau Reusch kümmert sich mittlerweile seit 40 Jahren um Igel, begonnen hat alles mit zwei Igeln, dann wurden es acht und immer mehr.

Liebe Frau Bauer, wann kommen Igelbabys zu Ihnen in die Station?
Die Igelbabys bekommen wir im Juli, August, wenn sie auf die Welt kommen. Manchmal kommen die Mütter nicht mehr ins Nest zurück, weil sie nachts überfahren wurden oder ein Raubtier hat sie erwischt. Man kann dann im Garten ein Piepsen hören, so ein hoher Schrillton ist das, dann schaut man nach und findet die kleinen Igel. Manchmal krabbeln sie auch aus dem Nest und liegen im Garten. Wenn nach etwa einer Stunde die Mutter nicht zurückkommt, dann kann man die Igel einsammeln. Findet man nur ein Igelbaby, dann sollte man das Nest suchen, vielleicht sind da noch mehr Junge.

Wenn die Mutter nicht dabei ist oder zu schwach ist, dann bekommen die Igelbabys alle zwei Stunden die Igelaufzuchtmilch und etwas Fencheltee, etwas für die Verdauung und Kalzium.

Neugeborene muss man mit einer Pipette füttern. Dann wird der Bauch massiert, um die Verdauung anzuregen. Igelmütter schlecken deshalb den Bauch der Kleinen ab. Die Kleinen werden mit Babyöl eingerieben, damit die Haut nicht austrocknet und sie müssen es immer warm haben.

Die Freude ist natürlich riesig, wenn dann ein Wurf durchkommt. Wenn die Igelbabys schon 2-3 Tage im Nest liegen, bevor sie entdeckt werden, dann schaffen es nicht immer alle Igel.

In welchen Monaten sind denn besonders viele Igel bei Ihnen?
Der aufwendigste Monat ist der September, letztes und vorletztes Jahr hat kein Tag das Telefon still gestanden. Manchmal kriegen wir auch Igelmamas mit Kindern, wenn die so schwach ist, dass sie ihre Kinder nicht mehr richtig versorgen kann oder eine Verletzung hat. Die Leute rufen dann bei uns an und fragen, ob sie Babys und Mutter bringen dürfen. Eigentlich ist das sehr gut, weil die Mutter ja noch Milch gibt. Wir päppeln die Mutter auf, die ihre Kinder noch säugen kann. Ohne die Mutter müssen die Kleinen alle zwei Stunden auch nachts gefüttert werden.

Abgemagerte große Igel, die voller Parasiten sind, kommen den ganzen Sommer über. Die findet man dann auch tagsüber, weil sie sich kaum noch richtig bewegen können, liegen in der Sonne, meist etwas seitlich, sind apathisch. Da sitzen dann Fliegen drauf, die dort ihre Eier ablegen und dann entwickeln sich gleich auch Maden.

Kann man eigentlich die Igel auch selber aufpäppeln?
Das wird schon immer wieder probiert. Meistens werden wir aber später doch angerufen und dann hören wir, dass der Igel schon seit mehreren Tagen nichts frisst und apathisch rumliegt. Leider kann man zu diesem Zeitpunkt oft gar nichts mehr machen. Man muss eigentlich gleich

Melanie Bauer entfernt Zecken, Fliegeneier und was den Igel sonst noch quält.

Foto: Karin Unzeitig

Foto: Karin Unzeitig

In der Igelstation Riederich werden die Igel liebevoll und professionell versorgt.

handeln. Ursache dafür, dass die Tiere nichts fressen ist meistens das falsche Futter: Ganze Äpfel oder Brot wird dem Igel hingestellt, es gibt auch immer noch Leute, die Milch geben.

Wenn jemand einen Igel bringt, der gut aussieht, dann geben wir den auch schon wieder mit und geben Tipps, was gemacht werden soll. Wenn ich aber sehe, dass der Igel kaum eine Überlebenschance hat, dann bleibt der bei uns in der Station. Wir haben ja auch eine Verantwortung.

Und wie läuft ein Tag in der Igelstation ab?
Der Tag fängt an mit dem Putzen. Wir können bei uns bis zu 70 Igel aufnehmen. Wenn ich alleine putzen muss, benötige ich vier Stunden dafür. Die Käfige werden gesäubert, mit Zeitungspapier und Küchenpapier ausgelegt, die Schlafhäuschen sauber gemacht und das Papier ausgewechselt. Neues Futter und frisches Wasser wird aufgefüllt, die Näpfe vorher gesäubert. Manchmal müssen die Käfige mit einem nassen Tuch abgewaschen werden. Dabei fällt ziemlich viel Müll an. Insgesamt haben wir noch drei Helferinnen, die meine Mutter und mich unterstützen.

Wenn ein Anruf reinkommt, dann mache ich Erstversorgung. Schaue die Igel genau an, verabreiche ihnen Aufbauspritzen, manchmal Antibiotikum, gebe Infusionen, Appetitanreger, mache die Wundversorgung. Es wird eine Karteikarte angelegt, und schwer verletzte und sehr kranke Tiere bringe ich zum Tierarzt.

Wenn wir einen Igel bekommen, fragen wir immer gleich, ob die Bringer das Tier wieder nehmen möchten, wenn es gesund oder aus dem Winterschlaf aufgewacht ist. Natürlich muss klar sein, dass der Garten auch igeltauglich ist.

Wenn die Igel nicht zurückgenommen werden können, dann suchen wir Menschen, die sie aufnehmen, wir haben z.B. einige Leute vom Naturschutzbund. Blinde Igel oder Igel, denen ein Bein fehlt, die behalten wir im Garten in einem Gehege.

Haben Sie den Eindruck, dass der Klimawandel Auswirkungen auf Igel hat?
Unbedingt. Erst in den letzten Jahren bekommen wir Igel mit Gewichten um 150 Gramm auch noch an Weihnachten und Silvester. Das heißt, die Igel wurden noch so spät geboren. Es scheint sich alles zu verschieben.

Die Paarung ist eigentlich im Mai, aber wenn Igel später in den Winterschlaf gehen, dann wachen sie auch später auf und paaren sie sich später. Da ist manchmal im August noch ein wildes Treiben.

Tilly wurde im November mit nur 150 Gramm gebracht. Echt klein für die Jahreszeit. Sie hat Milben. Fressen tut die kleine Igeldame gut.

Hugo unser verschnupfter Igel. Er wurde gegen Keime behandelt. War nun mehrmals beim Tierarzt. Seine Lunge hört sich frei an. Sein Schnupfen scheint chronisch zu sein. Ein Auge ist immer etwas tränig. Unter Kontrolle darf er wieder in die Natur entlassen werden. Er geht demnächst ins Gehege und wird dann langsam wieder an draußen gewöhnt. Sein Bronchitispulver hat er gut mit dem Katzenfutter gefressen.

Foto: Shutterstock/Coatesy

Kleiner Igelsäugling. Solche Babies ziehen wir groß.

Fotos: Melanie Bauer

Fanny war 200 Gramm schwer. Lag zwei Tage in Reutlingen auf einem Schulgelände. Heute hat ein Junge sie mit nach Hause genommen. Sie war sehr unterkühlt und apathisch. Nach einiger Zeit auf der Wärmflasche kam der Kreislauf wieder etwas in Schwung. Sie hatte anfangs Schlitzaugen. Jetzt sind sie wieder geöffnet. Sie hat etwas Trockenfutter gefressen. Nassfutter lehnt sie momentan noch ab. Am Bauch und im Gesicht haben wir Fliegeneier entfernt. Sie ist abgemagert und ausgetrocknet. Erstmal Infusion und Aufbauspritze gegeben.

Du möchtest Melanie Bauer und die Igelstation Riederich unterstützen?

Dann schau mal bei Instagram vorbei: https://www.instagram.com/igelstation.riederich/?hl=de

Hier erfährst du mehr

Österreich

Igel in Not	www.igelinnot.at
Naturschutzbund	https://naturschutzbund.at/tier-leser/items/id-2018-igel.html
Stadt Wien	www.wien.gv.at/umweltschutz/naturschutz/biotop/igel.html
Universität für Bodenkultur	https://igelimgarten.boku.ac.at/artportraets

Deutschland:

Hier findest du viele Adressen für Igel-Nothilfe, Igelstationen und Igelhilfen:	www.igelverein.de

Nützliche Tipps:

Wildtierschutz Deutschland e.V.	www.wildtierschutz-deutschland.de
Bund Naturschutz in Bayern e.V.	www.bund-naturschutz.de/oekologisch-leben/tieren-helfen/igel
Landesverband für Vogelschutz in Bayern e.V.	www.lbv.de/ratgeber/lebensraum-garten/igelfreundlicher-garten
Pro Igel e.V.	www.pro-igel.de

Igelfutter und Igelprodukte

bekommst du zum Beispiel hier	www.vogel-shop.de

RÄTSELAUFLÖSUNGEN

Kleines Igel-Quiz (Seite 16)

1. Ca. 6000 bis zu 9000 Stacheln
2. Bis zu 100 Hektar
3. 36 Zähne
4. Hören und Riechen
5. Das Liebesspiel der Igel
6. Der Braunbrustigel

Igel-Kreuzworträtsel (Seite 28)

1. Einhundert
2. Erinaceus roumanicus
3. Zusammenziehen
4. Wasser
5. Hoeren
6. Nachts
7. Winterschlaf
8. Milch

Kleines Igel-Futter-Quiz (Seite 55)

1. Insekten
2. 140 Kilokalorien
3. Sie speicheln den Gegenstand ein und schmatzen kräftig.
4. Rührei oder hartgekochte Eier
5. 600 g
6. Wasser
7. Weil sie faul werden und zu viel fressen.
8. Dass du sehr sauber arbeitest und die Töpfe immer auswäschst.
9. Es darf keine Soße oder Gelatine enthalten sein.

Noch ein kleines Igel-Quiz (Seite 65)

1	=	e	**2**	=	g
3	=	a	**4**	=	i
5	=	b	**6**	=	c
7	=	d	**8**	=	j
9	=	f	**10**	=	h

Foto: Shutterstock/Coatesy

DANKESCHÖN

Ein herzlicher Dank geht an Herrn Dr. Stephan Dreyer für seine fachliche Unterstützung.
Ein ganz besonderer Dank gilt Melanie Bauer von der Igelstation Riederich, Gabriele Gaede vom Arbeitskreis Igelschutz Berlin e.V. und Manuela Martin von der Igelhilfe E/igeltingen für die interessanten Gespräche, die Informationen und Tipps und die zur Verfügung gestellten Bilder.

Igelstation Riederich	www.instagram.com/igelstation.riederich/?hl=de
Arbeitskreis Igelschutz Berlin e.V.	www.igelschutzberlin.com/
Igelhilfe E/igeltingen	www.facebook.com/Igelhilfe-Eigeltingen-107919027768666

Die Website zum Buch http://igel.cadmos.de